Annelore und Susanne Bruns

BIOGARTEN HANDBUCH

Anleitung zum naturgemäßen Gärtnern in Bildern

ökobuch
Staufen bei Freiburg
www.oekobuch.de

Alle Angaben in diesem Buch wurden nach bestem Wissen und Gewissen zusammengestellt. Für die praktische Umsetzung lassen sich daraus jedoch keine Haftungsansprüche gegenüber den Autorinnen oder dem Verlag ableiten.

Die Deutsche Bibliothek - CIP-Einheitsaufnahme

Ein Titeldatensatz für diese Publikation ist bei Der Deutschen Bibliothek erhältlich.

MIX
Papier aus verantwortungsvollen Quellen
FSC® C008492
FSC www.fsc.org

ISBN 978-3-936896-06-0

1. Auflage 2004
3. Auflage 2012

Druck: Beltz Druckpartner, Hemsbach

Inhalt

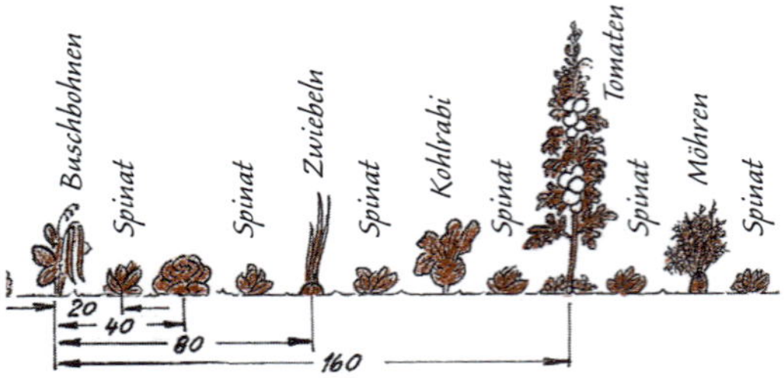
Buschbohnen
Spinat
Spinat
Zwiebeln
Spinat
Kohlrabi
Spinat
Tomaten
Spinat
Möhren
Spinat
20
40
80
160

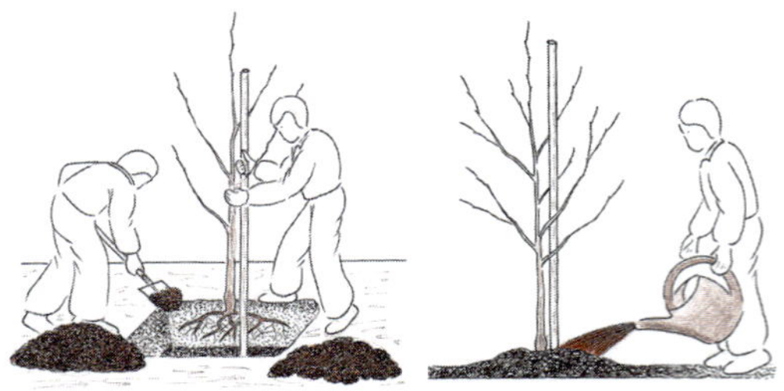

Einleitung

Der naturnahe Anbau von Gemüse und Obst bringt nicht nur viel Appetitliches auf den Tisch; er führt an die Wurzeln unserer Existenz und läßt uns auf diese Weise ganz unmittelbar Lebens-Sinn erfahren, denn im Biogarten ist unsere Tätigkeit ja am Leben orientiert. Die Arbeit dort öffnet uns die Augen über so manchen Zusammenhang zwischen Pflanzen- und Tierwelt, Erde, Kosmos und Mensch. Hier brauchen sich Arbeit und Vergnügen nicht – wie meist - unversöhnlich gegenüber zu stehen. Das Keimen und Wachsen der Pflanzen zu beobachten und daran mitzuwirken, das ständig wechselnde Spiel des Naturgeschehens zu erleben, das sinnvolle Tun unter freiem Himmel vermag in uns Gefühle hervorrufen, die wir als Kind empfanden: reine Lebensfreude – Freude am Leben.

So kann das Werken und Wirken im Biogarten auch dem Leben vieler (Dauer-)Arbeitsloser und rüstiger Rentner und Rentnerinnen eine Erfüllung geben, die anders nicht erreichbar ist.

In den letzten Jahren wurden viele Nutzgärten in Freizeitgelände umgewandelt. Selbst in Schrebergärten befinden sich außer einigen Obstbäumen heute überwiegend Blumen und Rasenflächen. Auch wir mögen Blumen. Und Rasen ist zum Spielen unentbehrlich. Aber warum soll das den gesamten Garten vereinnahmen? Wir versichern Ihnen: ein Nutzgarten macht nicht mehr Arbeit als ein Ziergarten, wenn man weiß, wie der Anbau der Gemüse- und Obstsorten zu handhaben ist. Dieses wird in diesem Buch ausführlich beschrieben.

Immer mehr Menschen dringt ins Bewußtsein: Natur – das sind wir selbst und unsere Umwelt. Besonders unsere Nahrung soll natürlich sein; das wollen wir riechen, schmecken, fühlen und sicher wissen. Frisch aus dem Garten auf den Tisch: der knackige Salat, die aromatischen Tomaten, die würzigen Kräuter und die köstlichen Beeren. Kein Feinschmecker, der einen Garten besitzt, sollte sich diese Genüsse entgehen lassen.
Die Basis für dieses Buch erwarben wir, das Autorenteam, in langjähriger Erfahrung und durch zahlreiche Versuche mit biologischem Gartenbau unter Berücksichtigung neuester Forschungsergebnisse auf diesem Gebiet.

Unser Dank gilt Prof. Hartmut Vogtmann, Gesamthochschule Kassel, der uns beratend zur Seite stand und die Manuskripte kritisch durchgesehen hat.
Besonderen Dank auch dem verstorbenem Kollegen Gerhard Schmidt für seine Mitarbeit bei der Erstausgabe dieses Buches beim Kösel-Verlag. Und liebevoller Dank gebührt unserem verstorbenen Ehemann und Vater Hubert Bruns für seine vielen anschaulichen Zeichnungen.

November 2003
Annelore und Susanne Bruns

1. Von der Natur der Nahrung

Eine überwiegend naturbelassene Nahrung wird als Vollwertkost bezeichnet. Das sind nicht oder nur wenig verarbeitete Lebensmittel, in der alle für den Körper notwendigen Stoffe in ausreichender Menge vorhanden sein sollten. Neben Kohlenhydraten, Fett und Eiweiß sind dies die verschiedenen Vitamine, Mineralstoffe und Enzyme. Biologisch angebautes Obst und Gemüse, frisch geerntet aus dem eigenem Garten, enthält besonders vielfältige Inhaltsstoffe und sollte Vorrang vor konventionell angebautem haben.

Auch Zusatzstoffe wie Geschmacksverstärker, Farb- und Konservierungsstoffe, Hormone und Antibiotika haben in unserer Nahrung nichts zu suchen. Problematisch sind auch industriell hochverarbeitete Stoffe, allen voran der allgegenwärtige Glucosesirup. Viele Menschen leiden z.B. unter einer Glucose-Unverträglichkeit, ohne es zu wissen, was sich durch Testen leicht feststellen lässt.

Gemüse wurde mit leicht-löslichen Mineralsalzen (Kunstdünger) gedüngt	*Gemüse wurde mit organischem Material gedüngt*
Starkes Auftreten von gesundheitsschädlichen Pflanzeninhaltsstoffen wie: • *freie Aminosäuren (werden vom Körper schwer verdaut)* • *freie Oxalsäuren* • *freie Solaninverbindungen (besonders bei Kartoffeln)* • *zu hohe Nitratmengen*	*Wesentlich weniger gesundheitsschädliche Inhaltsstoffe, weniger Nitrat, weniger schwer verdauliche Aminosäuren. Dafür mehr gesundheitsförderliche Pflanzeninhaltsstoffe:* *23 % höherer Gehalt an Trockensubstanz (d.h. höherer Nährwert)* *18 % mehr Eiweiß* *28 % mehr Vitamin C* *19 % mehr Gesamtzucker* *23 % mehr Aminosäuren, die wertvolles Eiweiß aufbauen* *18 % mehr Kalium* *10 % mehr Calzium* *13 % mehr Phosphor* *77 % mehr Eisen*

Das Säure-Basen-Gleichgewicht

Wenig verbreitet sind die Kenntnisse über die Wichtigkeit des Säure-Basen-Gleichgewichts des Körpers. So, wie unsere Wälder an Saurem Regen sterben und unsere Pflanzen nur mit dem richtigen pH-Wert gedeihen können (siehe Seite 50 ff), braucht auch der Mensch ein Gleichgewicht zwischen Säuren und Basen. Sein Blut hat einen pH-Wert von 7,35.

Der pH-Wert des eigenen Körpers kann mit Indikatorstäbchen, die in Morgenurin getaucht wurden, gemessen werden. Vom neutralen pH-Wert (7), bei dem ein Gleichgewicht zwischen Basen und Säuren besteht, bis zum leicht sauren Wert von 6 nimmt die Anzahl der Säuremoleküle um das Zehnfache zu - bis zum Wert von 5 um das Hundertfache. Säuren und Basen verhalten sich gegensätzlich, wir benötigen aber beides im Körper für einen gut funktionierenden Stoffwechsel. Treffen Säuremoleküle und Basenmoleküle aufeinander, so neutralisieren sie sich gegenseitig und es entsteht ein Salzmolekül, das für den Körper völlig ungefährlich ist und problemlos ausgeschieden wird. Kippt dieses Gleichgewicht im Körper stark zur sauren Seite hin, muss der Mensch mit Erkrankungen rechnen. Die Ausscheidungsorgane Nieren, Darm und Lunge versuchen die Säuren auszuleiten, aber mit den Jahren schaffen sie es nicht mehr. So kommt es zu Ablagerungen der Säuren, Gifte und

Außer den Säuren aus eiweißreicher Nahrung gibt es noch Säurebildner oder Basenräuber.

Ein Erwachsener benötigt täglich an Mineralstoffen:

Magnesium	*1 g*
Natrium	*2 - 3 g*
Kalium	*2 - 3 g*
Calzium	*0,8 g*
Phosphor	*0,8 g*
Eisen	*15 mg*

anderer Stoffwechselprodukte in Form von Schlacken. Diese sind die Ursache vieler Krankheiten wie Rheuma, Arthrosen, Herz- und Nierenkrankheiten. Eine richtige Ernährung ist also die wichtigste Unterstützung unserer Gesundheit.

Um die Säuren müssen wir uns nicht sorgen. Sie sind in der heutigen Zivilisationskost reichlich vorhanden. So sind Fisch, Fleisch, Wurst, Eier, Käse u.a. stark säureüberschüssig. Daneben gibt es noch die Nahrungsmittel, deren Basen im Laufe der Verarbeitung zerstört wurden. Sie heißen Säurebildner oder Basenräuber. Dazu gehören Zucker, also alle Süßigkeiten, Weißmehl, Bohnenkaffee, Schwarztee, gehärtete Fette und Alkohol.
Leider sind auch viele Getreidearten säureüberschüssig. So ist auch das in der Vollwerternährung unverzichtbare Vollkornbrot und das beliebte Müsli zwar immer noch basischer als Weißbrot, aber doch leicht säuernd. Schwach basisches Getreide sind nur Hirse und Dinkel. Die Milch- und Fruchtsäuren schmecken nur sauer, führen aber zu keinerlei Blutübersäuerung.

Unentbehrlich in der Nahrung sind deshalb die ausgleichenden Basen. Sie sind reichlich in fast allen Gemüsen (Ausnahme Rosenkohl und Spargel), Kräutern, Kartoffeln und in reifem Obst vorhanden. Obst und Gemüse sollte in kleinen Portionen über den Tag verteilt gegessen werden, nicht zu viel auf einmal. Für den, der sich genauer informieren möchte, ist eine Säure-Basen-Tabelle aller Lebensmittel nützlich (eine Tabelle sowie Methoden zur Entsäuerung sind z.B. in dem empfehlenswerten Buch von Dr. Beck und Ingeborg Oetinger-Papendorf „Durch Entsäuerung zu seelischer und körperlicher Gesundheit“ enthalten)

Neben einer säureüberschüssigen Ernährung führen auch schwierige Lebenssituationen zu Übersäuerungsreaktionen des Körpers. Dazu gehören Stress (auch Erdstrahlen verursachen dem Körper Stress), Rastlosigkeit und belastende Gefühle wie Angst, Einsamkeit, Trauer, Verzweiflung und andere. Viel Bewegung an frischer Luft wirkt dagegen wieder basisch. Zwischen Körper und Geist besteht eine ständige wechselseitige Beziehung.

Wer seinen Garten in einen naturgemäßen Nutzgarten verwandeln und seine Nahrungsgewohnheiten umstellen möchte, sollte dies nun keinesfalls zwanghaft und dogmatisch betreiben, sondern gelassen, aber zielstrebig. Die Freude gehört dazu, Freude an wohlschmeckender, selbsterzeugter Nahrung und Freude an der Tätigkeit im eigenen Garten.

2. Vom Umgang mit der Gartennatur

Im naturnahen Garten kommt es wegen der vielfältigen Nahrungsbeziehungen zwischen Pflanzen und Tieren nur selten zum massenhaften Auftreten von Schädlingen und Krankheiten. Solche vielfältigen Beziehungen aufzubauen, zu fördern und zu festigen soll schon bei der Anlage des Garten das Ziel sein. Die wichtigsten Bereiche sind im folgenden in ihren Grundzügen beschrieben. Weiteres findet sich im Kapitel Pflanzenschutz (S. 112 ff.) und im Werkbuch Biogarten (s. Literatur).

Grundregeln des biologischen Gartens

Grundsatz:
Im Garten möglichst naturnahe Verhältnisse schaffen

Boden	*tiefgründig lockern, nicht umwenden*	*mit: Sauzahn, Grabegabel*
	stets bedeckt halten	*durch: Gründüngung, Laub, Grasschnitt*
Pflanzen	*standortgerecht setzen*	*beachten: Boden, Licht, Klima*
	in Mischkulturen anbauen	*zusammensetzen: Pflanzen, die sich gegenseitig fördern*
Dünger	*Boden-Kleinlebewesen füttern*	*mit: Kompost, Gründünger, Pflanzenjauchen, organischen Handelsdüngern*
Pflanzenschutz	*Nützlinge fördern*	*durch: Kleinsäuger-, Vogel- und Nutzinsektenschutz*
	biologische Mittel einsetzen	*verwenden: Wildkräuterextrakte, pflanzenkräftigende Präparate*

Einheitsgarten oder Naturparadies

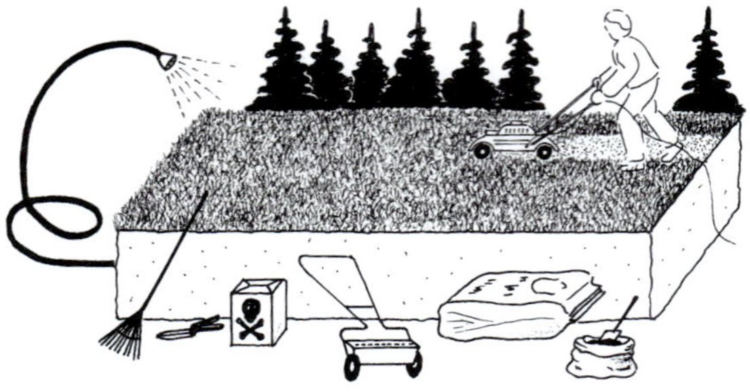

Langweiliger Einheitsgarten

Ein Naturgarten bietet Vögeln auch im Winter reichlich Nahrung

In der Mitte wächst Rasen, der mit viel Aufwand gepflegt wird, ringsherum ist ein mehr oder weniger breiter Streifen angeordnet, mit Tannen, Fichten und immergrünen Bodendeckern bewachsen. Fertig ist der langweilige Einheitsgarten, der sehr zum Aussterben vieler Insekten- und Wildkräuterarten beiträgt. Von Nutzen ist hier eigentlich nur der Spiel- und Liegerasen, der aber gar nicht mal sehr viel Platz einnehmen muß.
Gartenbesitzer, die nur wenig oder gar kein Obst und Gemüse anbauen wollen, könnten z.B. neben dem Spiel- und Liegerasen alle restlichen Flächen als Naturwiese oder -hecke anlegen und auf diese Art vielen Insekten und Vögeln Nahrung bieten. Ein solcher Garten ist eine Bereicherung für die Natur und hält das gesamte Jahr über interessante Beobachtungsmöglichkeiten für die ganze Familie bereit.

Vom Rasen zur Naturwiese

Wird die ganze Arbeit der Natur überlassen, braucht es schon fünf Jahre, bis sich auf dem ehemals gepflegten Rasen eine artenreiche Pflanzengemeinschaft angesiedelt hat. In der Übergangszeit sollte der Rasen nur noch zweimal jährlich gemäht werden, vorzugsweise mit der Sense. Die Düngung wird eingestellt, eventuell kann zum Magern des Bodens Sand gestreut und gekalkt werden. Dann heißt es Geduld bewahren.

Bei einer Neuanlage entsteht der Mini-Naturpark schneller. Zum Magern des Bodens kann Sand eingebracht, und eine Wildblumen- oder Magerrasenmischung eingesät werden. Diese Mischungen enthalten etliche einjährige Arten wie Kornblumen und Klatschmohn, die mit der Zeit durch die ausdauernden Arten zurückgedrängt werden. Der Handel hält viele schöne Mischungen für Naturwiesen in unterschiedlichen Lagen bereit. Wie eine solche Naturwiese am besten gepflegt wird, ist im Werkbuch Biogarten (s. Literaturverzeichnis) beschrieben.

In einem Einheitsrasen wachsen 3 bis 4 Grasarten, in einer Naturwiese sind dagegen 20 bis 50 Pflanzenarten zu finden.

In einem Einheitsrasen können nur 4 Vogelarten Futter finden, in einer Naturwiese dagegen bis zu 17.

Vielen Insekten wird auf der Naturwiese Nahrung geboten.

Wasser im Garten

Generell stellen Wasserstellen wertvolle Lebensräume und belebende Elemente in Gärten und Grünanlagen dar. Entscheidend ist weniger die Größe, Form oder das Material, sondern vielmehr das Vorhandensein verschiedener Tiefenbereiche, von sumpfigen Uferzonen bis hin zu Tiefen von mindestens einem Meter. Damit kann das Wasser auch Überwinterungsplätze für Frösche, Lurche, Larven u.a.m. bieten.
Um den Tieren den Ausstieg zu ermöglichen, sollte das Ufer immer flach auslaufen.
Die denkbar kleinste Wasserstelle im Garten ist die Vogeltränke. Nicht nur zum Trinken, sondern zum Baden kommen die Vögel. Deshalb muß die tiefste Stelle etwa 8 cm tief sein. Übrigens: bei der Standortwahl sollte darauf geachtet werden, dass sich in der Nähe kein gutes Katzenversteck befindet.

Kleiner Naturteich

Vorteile beim Fertigteich:

- *Stabile Ausführung (stoßfest)*
- *Winterfestes Material*
- *Absolut dicht*
- *Viele Formen möglich*
- *Standortwechsel möglich*

Nachteile

- *Oft zu steile Wände, dadurch schlechte Wasserzirkulation und tierunfreundlich*
- *Zu geringe Wassertiefe, für viele Pflanzen ungeeignet*
- *Wasser erwärmt sich schnell*
- *Ein Teil der Pflanzen und Tiere muss über Winter umquartiert werden.*

Erdkröte

Jede Pflanzen- und Tierart benötigt eine bestimmte Wassertiefe.

Grasfrosch

Die Hecke im naturnahen Garten

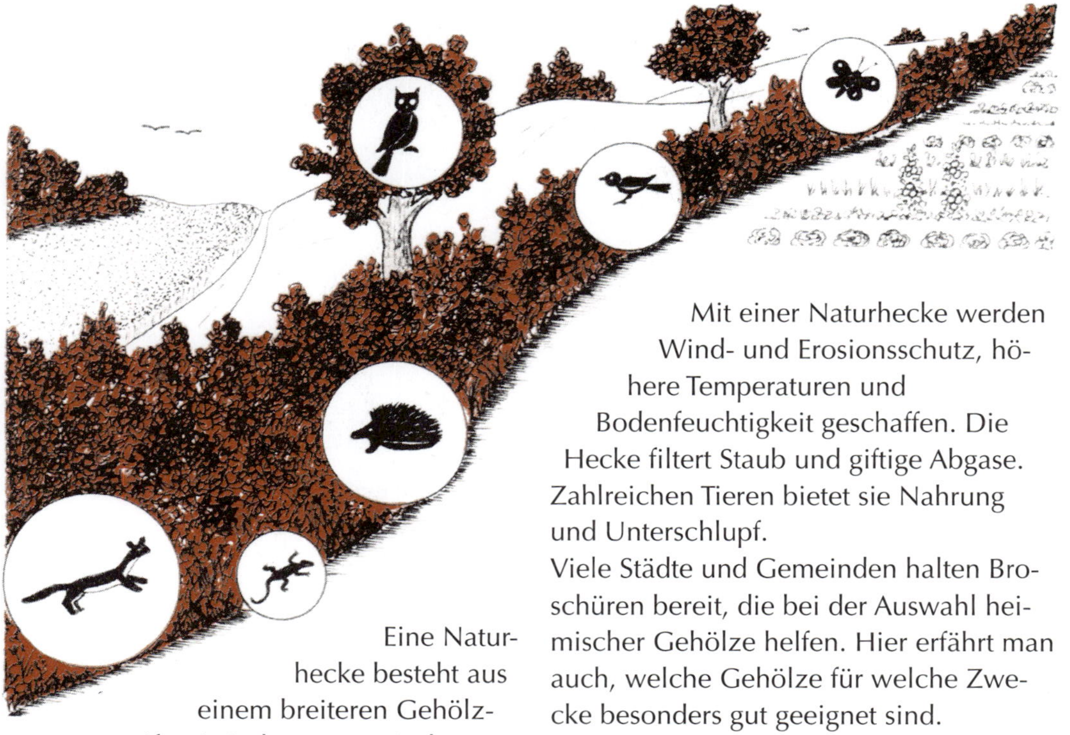

Eine Naturhecke besteht aus einem breiteren Gehölzstreifen (mindestens 3 m), der aus unterschiedlich hohen, heimischen Sträuchern aufgebaut ist. Auch flächige Gebüschgruppen (Knicks) werden zu den Hecken gezählt.

Die Hecke als Staubfilter

Besondere Filterwirkung gegen Staub haben Feldahorn und Heckenrose. Die Heckenrose schützt außerdem vor Autoabgasen.

Heckenrose

Mit einer Naturhecke werden Wind- und Erosionsschutz, höhere Temperaturen und Bodenfeuchtigkeit geschaffen. Die Hecke filtert Staub und giftige Abgase. Zahlreichen Tieren bietet sie Nahrung und Unterschlupf.

Viele Städte und Gemeinden halten Broschüren bereit, die bei der Auswahl heimischer Gehölze helfen. Hier erfährt man auch, welche Gehölze für welche Zwecke besonders gut geeignet sind.

Zu einer vollständigen Naturhecke gehört natürlich auch eine Krautschicht. Der Unterwuchs sollte aus Waldpflanzen bestehen, z. B. Buschwindröschen, Lerchensporn und Schlüsselblume.

Die Hecke als Nahrungsspender für Vögel und Säugetiere

Esche, Erle, Birke, Haselnuss, Rotbuche, Eiche, Vogelkirsche, einheimische Nadelbäume, Wildrose, Holunder, Sanddorn, Schneeball, Liguster, Hartriegel, Pfaffenhütchen, Himbeere, Brombeere u.a. bieten unseren Tieren Nahrung.

Steine im naturnahen Garten

Steinhaufen sind ideale Lebensräume für Eidechsen. Ebenso entsteht neuer Lebensraum für Würmer, Asseln, Spinnen und die verschiedenen Insekten als Beutetiere für geschützte Reptilien, Amphibien und Säugetiere wie Igel, Marder u.a.

Steingarten, Steinhaufen und Geröllflächen mit der dazugehörigen Vegetation haben vielfältige ökologische Vorteile:
Sie sind ideale Lebensräume für viele nützliche Insekten, Amphibien, Reptilien und kleinere Säugetiere.
In Steinhaufen finden zahlreiche Hummelarten Brutplätze. Größere Insekten und Amphibien helfen bei der Schädlingsbekämpfung im Gemüsegarten. Die Höhlungen dienen z.B. dem Mauswiesel als Wohnraum, dem Hauptfeind der Wühlmaus. Alle genannten Tierarten finden hier auch für den Winter Unterschlupf.
In den Fugen und Ritzen siedeln sich mit der Zeit allerlei Blütenpflanzen an, die von Insekten, besonders von Schmetterlingen besucht werden.
Steinflächen erweitern die Vielfalt im Garten und das wiederum stabilisiert das ökologische Gleichgewicht.
Bei der Auswahl der Steine für den eigenen Garten ist es sinnvoll, landschaftstypische Steine zu bevorzugen.

Steinhaufen sollten so angelegt werden, dass möglichst viele Hohlräume entstehen, in denen die verschiedenen Tiere überwintern können.

Blumen im Naturgarten

Ein Beitrag zur Ernährung und damit zum Überleben vieler auch für die Schädlingsbekämpfung nützlicher Insekten leisten wir, wenn wir einfache, ungefüllte Blumen für unseren Garten wählen. Alle gefüllt blühenden Sorten bieten keinerlei Nahrung, da hier die Pollenträger züchterisch in zusätzliche Blütenblätter verwandelt wurden.

Margarite (Natur)

Margarite (Zucht)

Unkräuter – Zeigerpflanzen

Unkräuter sind Pflanzen, die dort wachsen, wo sie unerwünscht sind, zum Beispiel, weil sie das Wachstum der kultivierten Pflanzen beeinträchtigen.
An anderen Plätzen heißen dieselben Pflanzen Beikraut oder Wildkraut. Viele der Pflanzen, die sich ohne menschliches Zutun im Garten ausbreiten, sind wertvolle Heilpflanzen, andere liefern aufgrund ihres frühzeitigen Wachstums die Zutaten für erste Frühlingssalate aus dem Garten. Wo solche Pflanzen nicht stören, können sie stehenbleiben. Zwischen Beerenobst, z. B. zwischen den Erdbeerreihen, ist ein mäßiger Wildkrautbewuchs sogar für die Befruchtung förderlich, da die Kräuter vielerlei Insekten anlocken.

Es wird zwischen Samen- und Wurzelunkräutern unterschieden. Samenunkräuter haben eine ein- bis zweijährige Lebensdauer. Sie streuen jedes Jahr riesige Mengen Samen aus. Der Vorrat an Samen im Boden ist beträchtlich. Wurzelunkräuter vermehren sich zwar auch durch Samen (z.B. Löwenzahn), lästiger sind jedoch die Arten, die sich durch Wurzelausläufer ausbreiten. Sie sind kaum auszurotten, weil die oft metertiefen Wurzelausläufer schwer erreichbar sind. Dazu gehören Quecke, Giersch, Ackerwinde und Schachtelhalm. Stetes Abhacken der handhohen neuen Triebe kann die Pflanzen allmählich schwächen.

Hacken, Mulchen und Gründüngung helfen, dass die Probleme mit dem Unkraut von Jahr zu Jahr kleiner werden.

Maßnahmen gegen Unkraut im Nutzgarten

- Vor jeder Aussaat den Boden flach lockern.
- Reihensaat bevorzugen, um in den Zwischenräumen hacken zu können.
- In den Reihen Unkraut von Hand entfernen.
- Regelmäßig jäten, damit sich die Wildkräuter nicht aussamen.
- Auf allen brachliegenden Flächen Gründünger einsäen.
- Sobald der Boden erwärmt ist, mit Mulchmaterial ständig bedeckt halten.
- Auch im Herbst und Winter den Boden flächenkompostieren oder mit Gründünger einsäen.

Maßnahmen gegen Unkraut unter Bäumen und Sträuchern

- Boden flach lockern
- Einsaaten und (oder) Pflanzung von Bodendeckern oder Kleearten (niedrigwachsend).
- Ganzjährig mulchen.

Maßnahmen gegen Unkraut im Rasen

- Einjährige Unkräuter im neu angelegten Rasen nicht ausreißen. Mehrmals mähen bevor sie blühen und Samen ansetzen, dann verschwinden sie.
- Wurzelunkräuter, wie Löwenzahn, Hahnenfuß u.v.a., mit dem Messer tief und immer wieder herausschneiden.
- Rasen mähen, rechen und lüften (vertikutieren).

Sogenannte Unkräuter

Zeigerpflanzen

Auffallend ist, dass bestimmte Pflanzen bei Veränderung des Bodens gehäuft auftreten und andere wegbleiben.
Treten Unkräuter einer bestimmten Art in großer Menge auf, können sie Hinweise auf den Bodenzustand geben, z. B. auf Mangel- oder Überschüsse von Nährstoffen, oder auf Bodenverdichtungen und Staunässe.
Die folgenden Pflanzengruppen zeigen nur einige Beispiele für Zeigerpflanzen und sind keinesfalls vollständig.

Bei Staunässe und Bodenverdichtungen finden sich vermehrt

- Ackerschachtelhalm (*Equisetum arvense*)
- Kriechender Hahnenfuß (*Ranunculus repens*)
- Ackerminze (*Mentha arvensis*)
- Huflattich (*Tussilago farfara*)
- Breitwegerich (*Plantago major*)
- Gänsefingerkraut (*Potentilla anserina*)
- Strahllose Kamille (*Matricaria discoidea*)

Nährstoffarme Böden bieten gute Bedingungen für

- Echte Kamille (*Matricaria chamomilla*)
- Ruchgras (*Anthoxanthum*-Arten)
- Ackerschachtelhalm (*Equisetum arvense*)
- Binsengewächse (*Juncus*-Arten)
- Windhalm (*Apera spica-venti*)
- Hederich, Ackerrettich (*Rhaphanus rhaphanistrum*)
- Knötericharten (*Polygonum*-Arten)
- Ackerfrauenmantel (*Alchemilla vulgaris*)

Einen guten Humusgehalt und lockeren Boden zeigen an:

- Vogelmiere, Hühnertritt (*Stellaria media*)
- Wolfsmilcharten (*Euphorbia*-Arten)
- Franzosenkraut, Knopfkraut (*Galinsoga*-Arten)
- Erdrauch (*Fumaria officinalis*)
- Ackervergißmeinnicht (*Myosotis arvensis*)
- Taubnesselarten (*Lamium*-Arten)

Zeigerpflanzen für Bodenstruktur

Für stauende Nässe

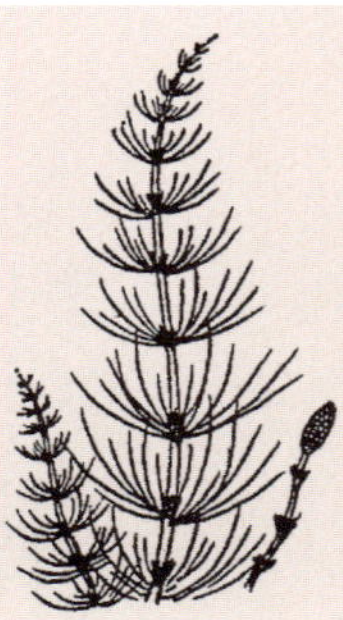

Schachtelhalmarten (Equisetum-Arten)

Kriechender Hahnenfuß (Ranunculus repens)

Huflattich (Tussilago farfara)

Ackerminze (Mentha arvensis)

Zeigerpflanzen für Bodenstruktur

Lockere Böden, weder nass noch trocken (leichtere Böden)

1 Sommeradonisröschen (*Adonis aestivalis*)
2 Feldrittersporn (*Consolida regalis*)
3 Lichtnelkenarten (*Caryophyllacea-Arten*)

Schwer verdichtete Böden

4 Gänsefingerkraut (*Potentilla anserina*)
5 Breitwegerich (*Plantago major*)
6 Strahllose Kamille (*Matricaria discoidea*)

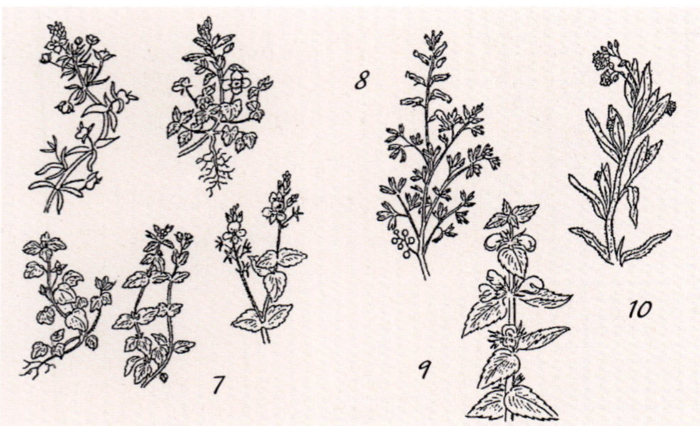

Gut durchlüftete, eher feuchte Böden

7 Ehrenpreisarten (*Scrophulariaceae-Arten*)
8 Erdrauch (*Flumaria officinalis*)
9 Rote Taubnessel (*Lamium purpureum*)
10 Ackervergißmeinnicht (*Myosofis arvensis*)

Austrocknende, steinige Böden

11 Echter Frauenspiegel (*Legousia speculum-veneris*)
12 Reiherschnabel (*Erodium cicutarium*)
13 Sichelmöhre (*Falcaria vulgaris*)

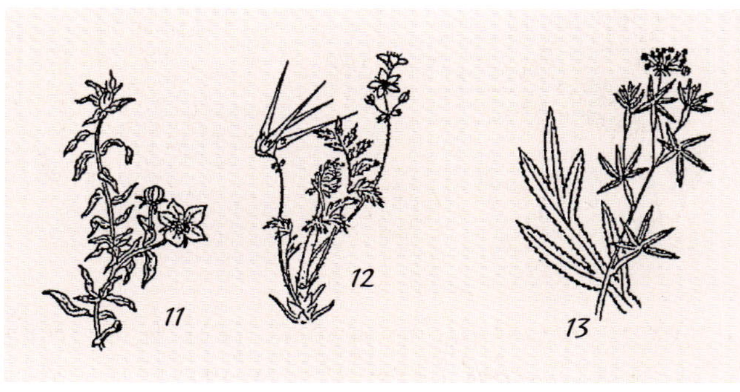

Sehr humusreiche Böden

14 Vogelmiere (Stellaria media)
15 Einjähriges Bingelkraut (Mercurialis annua)
16 Kleine Brennessel (Urtica urens)
17 Franzosenkraut (Galinsoga parviflora)
18 Wolfsmilcharten (Euphorbia-Arten)

Stickstoffzeiger: Mäßiger N-Gehalt

19 Ackerfuchsschwanz (Alopecurus myosuroides)
20 Ackerfrauenmantel (Aphanus arvensis)
21 Geruchlose Kamille (Tripleurospermum maritimum)

Stickstoffzeiger: Reichlicher N-Gehalt

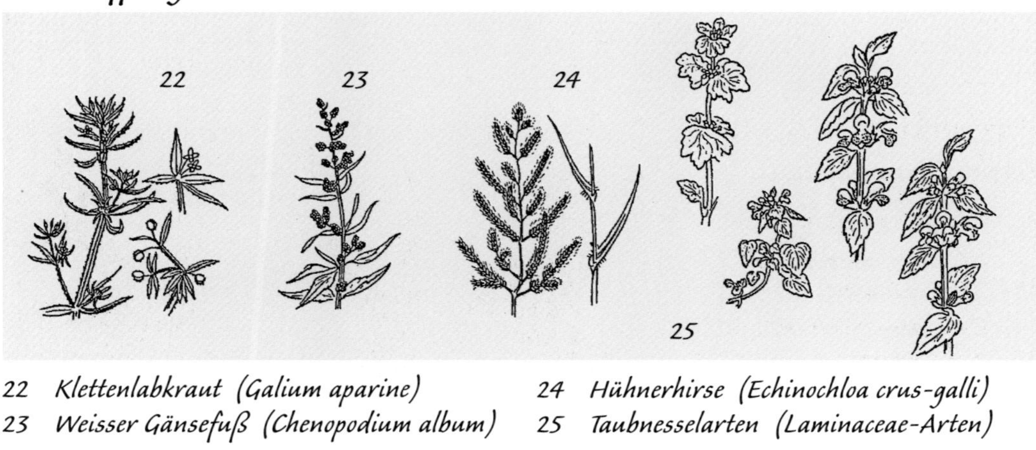

22 Klettenlabkraut (Galium aparine)
23 Weisser Gänsefuß (Chenopodium album)
24 Hühnerhirse (Echinochloa crus-galli)
25 Taubnesselarten (Laminaceae-Arten)

Zeigerpflanzen für den Humusgehalt im Boden

Sehr geringer Humusgehalt

26 Ruchgras (Anthoxanthum odoratum)
27 Ackerschachtelhalm (Equisetum arvense)
28 Binsengewächse (Juncaceae-Arten)
29 Knötericharten (Polygonaceae-Arten)

Geringer Humusgehalt

30 Windhalm (Apera spica-venti)
31 Hederich (Raphanus raphanistrum)
32 Ackerfrauenmantel (Alchemilla vulgaris)
33 Echte Kamille (Matricaria chamomilla)

Mittlerer Humusgehalt

34 Hundskamille (Anthemis arvensis)
35 Feldrittersporn (Consolida regalis)
36 Ackersteinsame (Buglassoides arvensis)
37 Flughafer (Arena fatua)

Guter Humusgehalt

38 Weißer Gänsefuß (Chenopodium album)
39 Taubnesselarten (Laminaceae-Arten)

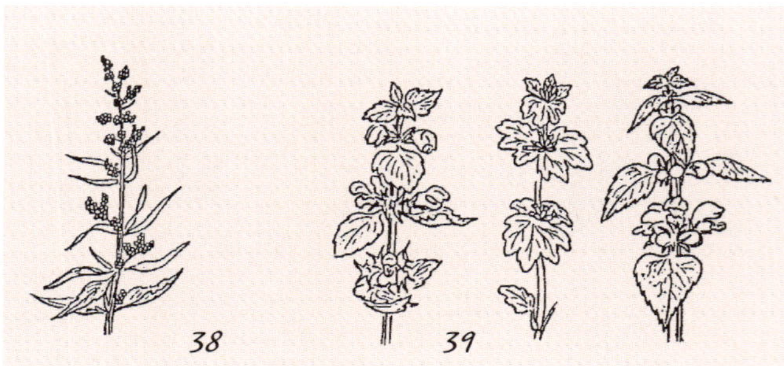

Wieviel Garten braucht der Mensch?

Weitgehende Selbstversorgung

Hier wird der Anbau von Gemüse, Beeren und Rhabarber im eigenen Garten vorausgesetzt:
Getreide, Kartoffeln und Obst werden zugekauft. Bei geschickter Anbauplanung kann mit teilweiser Doppelnutzung durch Vor- und Nachfruchtkulturen gerechnet werden. Den genauen Flächenbedarf zeigt die Abbildung.

Ca. 70 m² Fläche pro Person, und zwar:
26,4 m² Beerenobst
35,5 m² Gemüsefläche
6,0 m² Wege und Kompost
0,5 m² Frühbeet
1,0 m² Kräuterbeet

Teilweise Selbstversorgung

Je nach Vorliebe und Geschmack läßt sich die gezeigte Flächenaufteilung zwischen Früchten und Gemüse zugunsten der einen oder anderen Seite verschieben. Nicht nur flächenintensive Früchte und Gemüsesorten werden dazu gekauft.

Ca. 50 m² Fläche pro Person, und zwar:
26,5 m² Beerenobst
18,0 m² Gemüsefläche
6,0 m² Wege und Kompost

Geringe Selbstversorgung

Der Nutzarten wird hier ausschließlich zur Ernte von kleinen Mengen Frischgemüse der jeweiligen Jahreszeit ausgerichtet. Je nach Ansprüchen und Vorlieben sind individuelle Unterschiede im Flächenbedarf möglich.

Als Durchschnittswert kann hier ein Flächenbedarf von 25 m² pro Person gerechnet werden.

Gartengeräte

Bodenbearbeitung im naturnahen Garten

Die schwere Arbeit des Umgrabens ist nicht nur überflüssig, sie ist sogar schädlich, denn sie bringt die Bodenschichtung durcheinander. Über das Bodenleben wird im Kapitel Boden und Düngung (Seite 27 ff.) berichtet.
Die Bodenlebewesen der oberen Rotteschicht sind andere als die der tieferen Wurzelzone (Humusschicht). Es dauert nach dem Umgraben noch Wochen, bis sich wieder ein harmonisches Bodenleben aufgebaut hat.

Zum tiefen Lockern des Bodens ist im naturnahen Garten der Sauzahn das richtige Gerät. Wird der Boden neu als Gartenanbaufläche umgenutzt, fehlt es ihm in den ersten Jahren noch an lockerndem Humus und der Sauzahn kann nicht zum Einsatz kommen. In diesem Fall ist die Grabegabel das Gerät der Wahl. Wie beide Geräte auf den Beeten eingesetzt werden, zeigt die Abbildung unten.

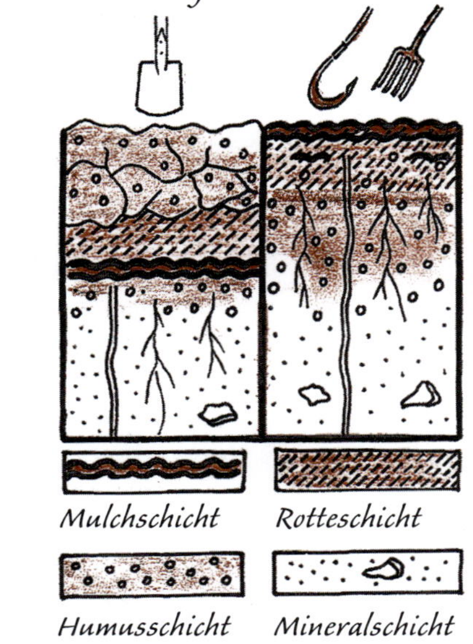

Die Grabegabel wird im Abstand von ca. 10 cm in den Boden gestochen und dann vor und zurück bewegt

Sauzahn und Grabegabel sind die richtigen Gartengeräte zum Lockern der Erde.

Anschließend wird geharkt und für die Aussaaten die Krümelung so fein wie möglich hergestellt

Ernteverfrühung

Das Wachstum der Pflanzen beginnt mit dem Keimen. Wer das miterleben möchte, der beginne mit der Pflanzenanzucht auf der Fensterbank. Zu beschleunigter Pflanzenanzucht im Garten ist ein Frühbeet, Gewächshaus oder Folientunnel hilfreich. Wichtig dabei ist, Frühbeet und Tunnel bis etwa 4 Uhr am Nachmittag zu schließen, damit die gespeicherte Wärme lange erhalten bleibt (der Bau von Frühbeeten und Wanderkästen wird im Werkbuch Biogarten (s. Literaturverzeichnis) ausführlich beschrieben).

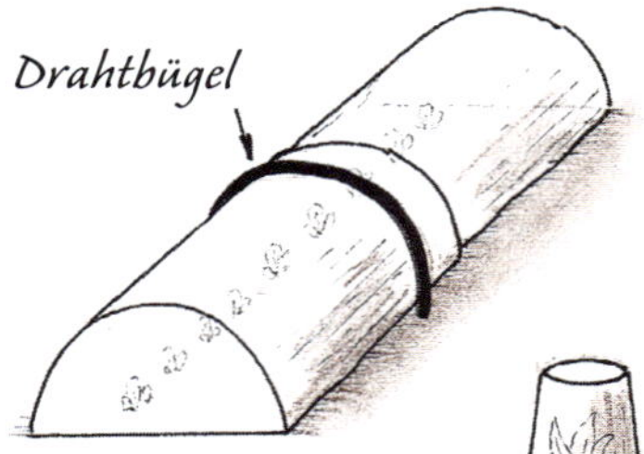

Geteilte Plastikkübel

Plastikbecher

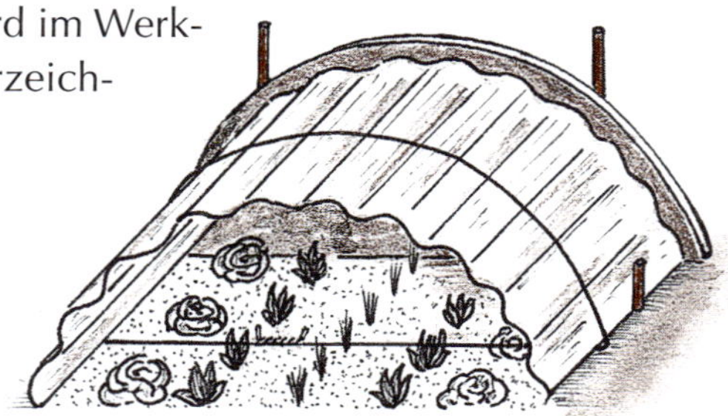
Plexiglastunnel

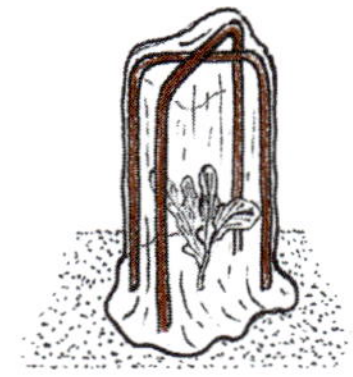
Haube

Warmes Frühbeet

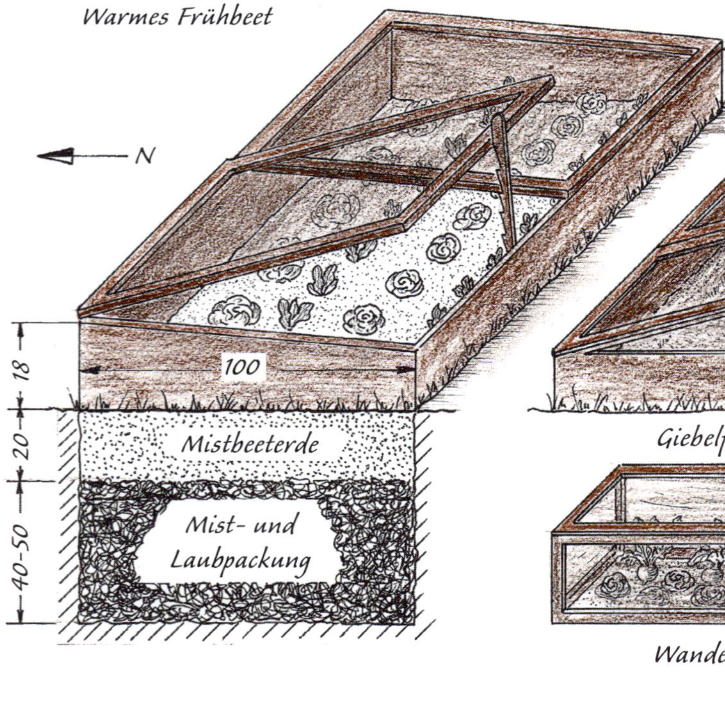

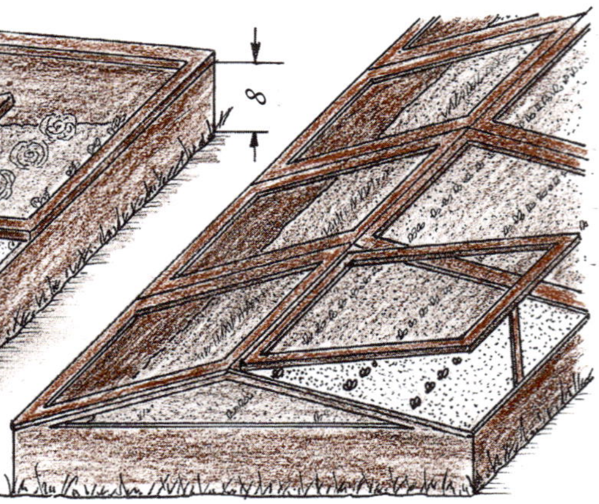
Giebelfrühbeet

Wanderkasten

Pflanzenanzucht auf der Fensterbank

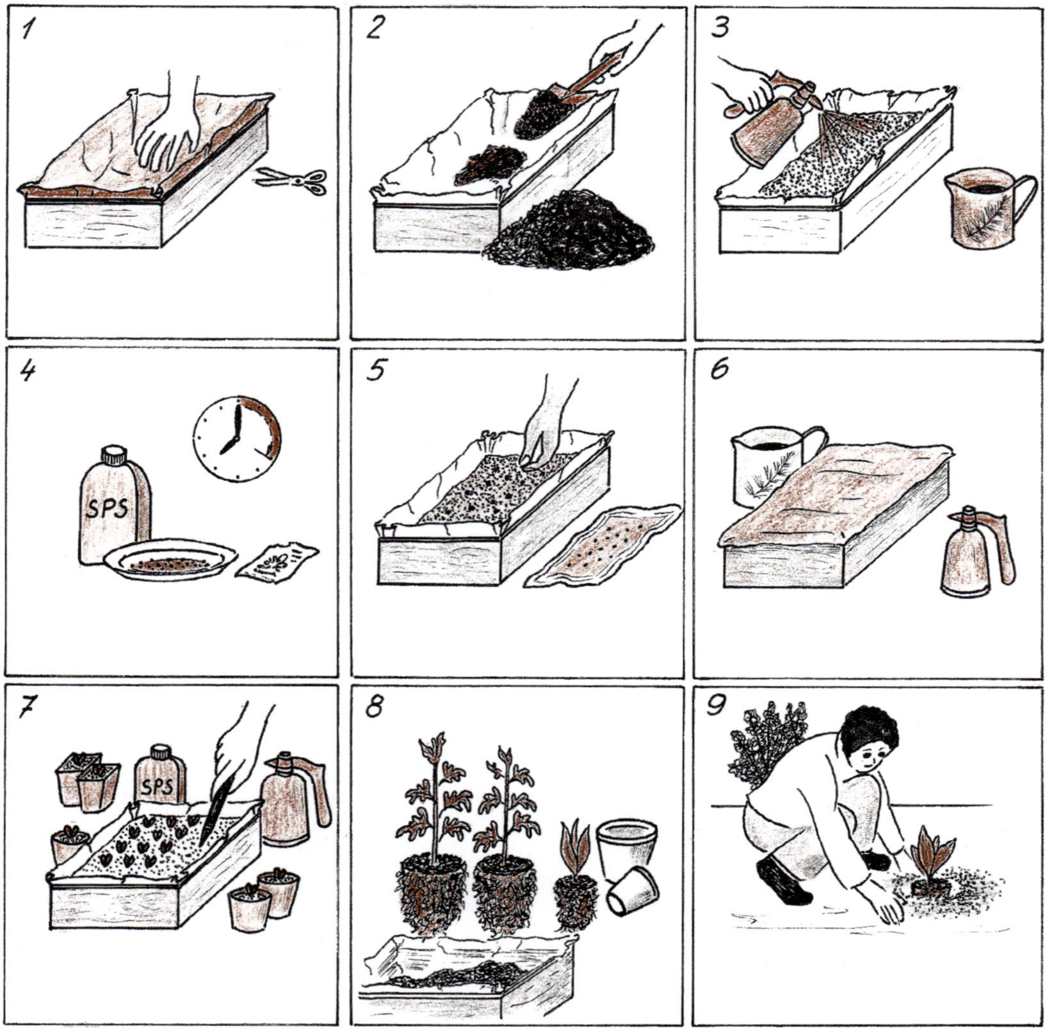

1 Holzkiste mit Folie auslegen.

2 Erdgemisch I* in die Kiste füllen.

3 Erde mit Schachtelhalmtee durchfeuchten

4 Ungebeizten Samen 20 Minuten in SPS-Saatbad legen.

5 Getrockneten Samen aussäen.

6 Kiste bis zum Auflaufen der Saat abdecken (Zeitung oder Pappe), gut mit verdünntem Schachtelhalmtee feucht halten.

7 Wenn die Keimblätter voll ausgebildet sind, aufgelaufene Pflanzen in Erdmischung II** pikieren und mit SPS überbrausen.

8 Pflanzen mit gut angefeuchtetem Ballen aus den Töpfen oder Kisten nehmen.

9 Pflanzen mit Wurzelballen einpflanzen.

* Erdmischung I = 1 Teil Kompost, 1 Teil Sand, 1 Teil Gartenerde, 3 Teile Rindenhumus

** Erdmischung II = 3 Teile Kompost, 1 Teil Sand, 2 Teile Erde, 2 Teile Rindenhumus

Gießen und Wässern für gutes Wachstum

Trotz Luftverschmutzung ist Regenwasser nach wie vor das beste Gießwasser. Zur Not tut es auch einige Tage lang abgestandenes Leitungswasser, das mehrmals täglich umgerührt wurde. Pflanzen haben einen sehr unterschiedlichen Wasserbedarf, je nach Art und Wachstumsstadium. So sind alle Pflanzen, die viel Blattmasse entwickeln (Sonnenblumen, Kopfkohl) durstiger als Wurzel- oder Fruchtgemüse. Kurz vor der Ernte kann man mit zusätzlichen Wassergaben dafür sorgen, dass Obst und andere Früchte schön saftig sind (nicht bei Obst, das gelagert werden soll).

Gegossen wird je nach Jahreszeit zu unterschiedlichen Tageszeiten, d.h. im Frühjahr und Herbst am Morgen, im Sommer am besten am Abend.

Bei hoher Luftfeuchtigkeit brauchen die Pflanzen weniger Wasser und bei Trockenheit ist es verträglicher, wenn nicht jeden Tag wenig, sondern alle 3 bis 4 Tage ausgiebig gegossen wird. Die Trockenperioden führen zu einem tieferen Eindringen der Wurzeln in den Boden, was in trockenen Sommern erwünscht ist.

Übrigens nimmt bei fallendem Luftdruck der Boden das Wasser besser auf.

Eine Bodenbedeckung wirkt nicht nur feuchtigkeitsregulierend, sondern mindert auch die Verschlämmungsgefahr. Dazu im nächsten Kapitel mehr.

Nicht über taunasse Blätter gießen.

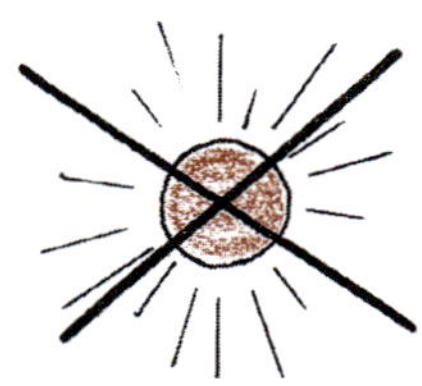

Nie bei heißer Sonne gießen.

Bei Bohnen, Kürbis, Sellerie, Gurken, Tomaten, Tees und Kräutern nur den Wurzelbereich feucht halten.

Bei Trockenheit nicht so oft, dafür aber ausgiebig wässern (15 l/m² Beetfläche).

3. Vom Boden, seiner Bedeckung und Ernährung

Einige Kulturböden und ihre Eigenschaften

Bodenart	*Gute Eigenschaften*	*Schlechte Eigenschaften*	*Verbesserungs-maßnahmen*
Sandiger Lehmboden 	Ist für fast alle Kulturen verwendbar. Wasserhaltende und -steigende Kraft ist gut. Durchlüftung ausreichend. Bodenbearbeitung normal.	Besitzt keine nennenswerten schlechten Eigenschaften, wenn regelmäßig für Humuszufuhr gesorgt wird.	Auch für diese Bodenart ist es angebracht, mit Bodenbedeckung zu arbeiten, weil dadurch viel Hack- und Gießarbeit eingespart wird. Algen- oder kohlensauren Kalk benutzen.
Lehm- und Tonboden 	Wasserhaltende und -steigende Kraft ist sehr gut. Dünger werden ausreichend festgehalten. Stark mit Humus versorgt, ist er einer der besten Kulturböden.	Durchlüftung lässt zu wünschen übrig. Erwärmt sich im Frühjahr nur langsam. Schwer zu bearbeiten. Verlangt viel Handarbeit.	Mit Hilfe von Bodenbedeckung wird die Oberfläche durch Regen und Gießen nicht verschlämmt, was der Bodendurchlüftung zugute kommt.
Sandboden 	Schnelle Erwärmung. Sehr gute Durchlüftung. Lässt sich bei jedem Wetter bearbeiten.	Schnelle Abkühlung. Schlechte wasserhaltende und -steigende Kraft. Dünger verrottet sehr schnell und verschwindet im Untergrund. Viel Gießarbeit.	Mit Bentonit und Urgesteinsmehl ganzjährig flächenkompostieren.

Das Bodenleben

Der Boden ist keine tote Materie, sondern ein lebendiger Organismus. Das gesamte organische Gefüge des Bodens (bestehend aus Bodenflora und Bodenfauna) wird als das Edaphon bezeichnet (siehe rechte Seite).

Jede Bodenschicht hat ihre eigene Zusammensetzung von Lebewesen. So brauchen die Organismen der oberen dünnen Schicht Licht und Luft, während in den unteren Bodenschichten eine licht- und sauerstoffärmere Atmosphäre herrscht. Vor diesem Hintergrund wird verständlich, warum das Umgraben eher schadet als nützt.

Die Rotte wird durch eine große Anzahl von Milben, Asseln, Käfern, Larven, Springschwänzen und vielen anderen Tieren eingeleitet. Regenwürmer verwandeln in ihrem Körper organische und mineralische Teile zu fruchtbarster Erde. Regenwurmkot enthält im Vergleich zum normalen Gartenboden ein Vielfaches der wichtigsten Pflanzennährstoffe, wie Stickstoff, Phosphor, Kalium, Magnesium und Calzium. Regenwurmgänge verbessern die Wasser- und Luftzirkulation. Spalt-Schimmelpilze und pilzähnliche Bakterien bewirken eine Verrottung (keine Fäulnis) der organischen Stoffe.

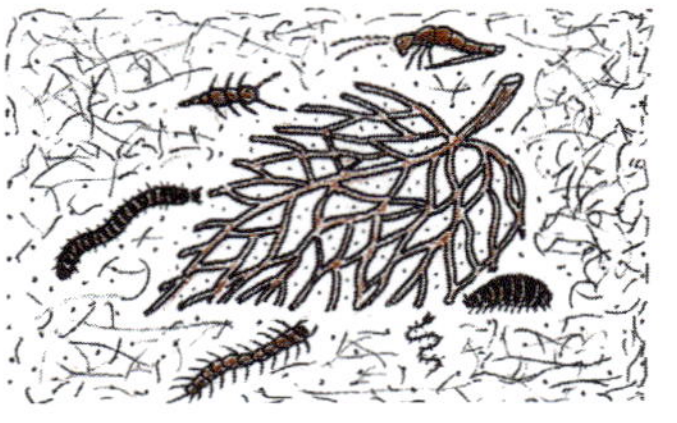

Die Rotte

Spalt-Schimmelpilze

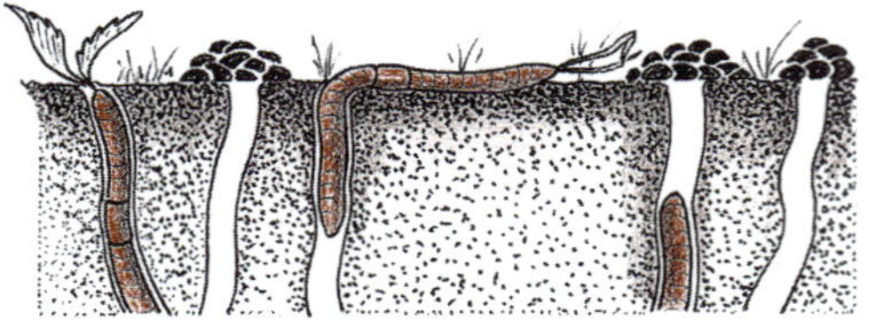

Regenwurmgänge

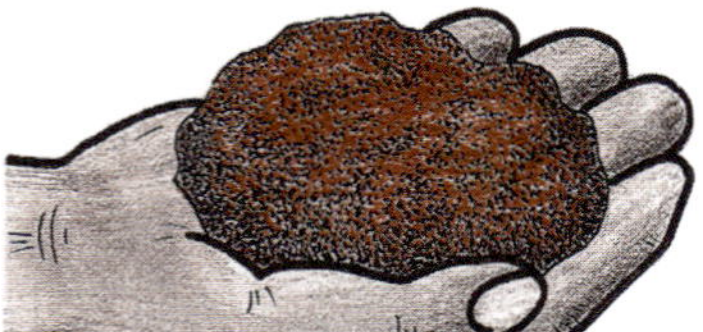

Eine Handvoll Gartenerde enthält:

100	Insekten und Milben
110	Gliederwürmer
250	Springschwänze
2500	Fadenwürmer
7.500.000	Protozoen
12.500.000	Algen
10.0000.000	Pilze
125.000.000	Bakterien

Krümelstruktur
0,2 - 1 mm Größe

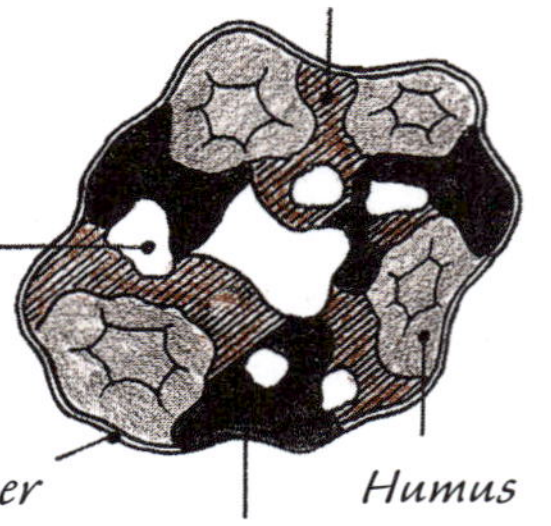

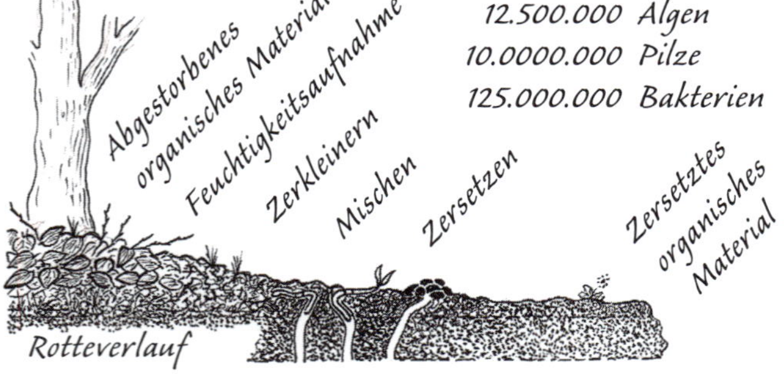

Rotteverlauf

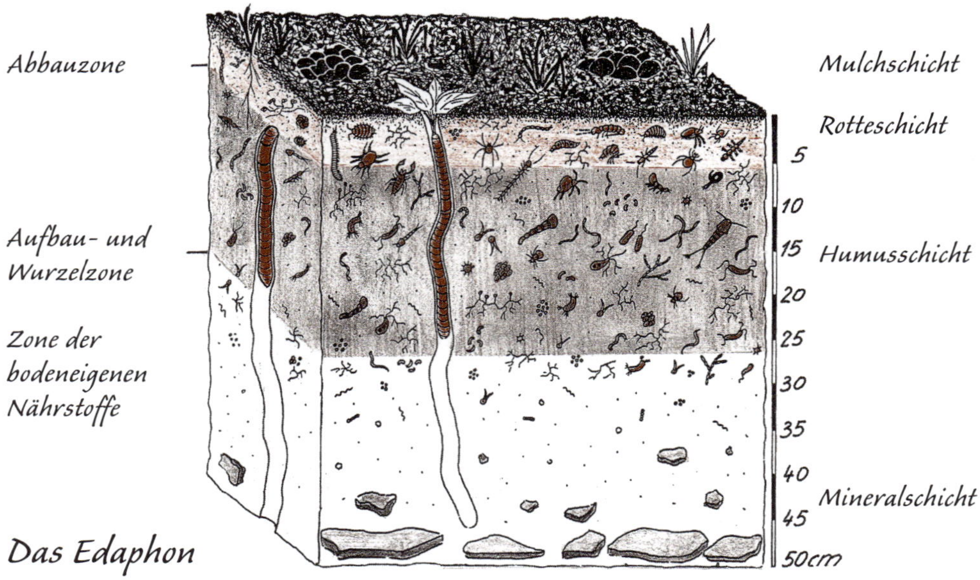

Das Edaphon

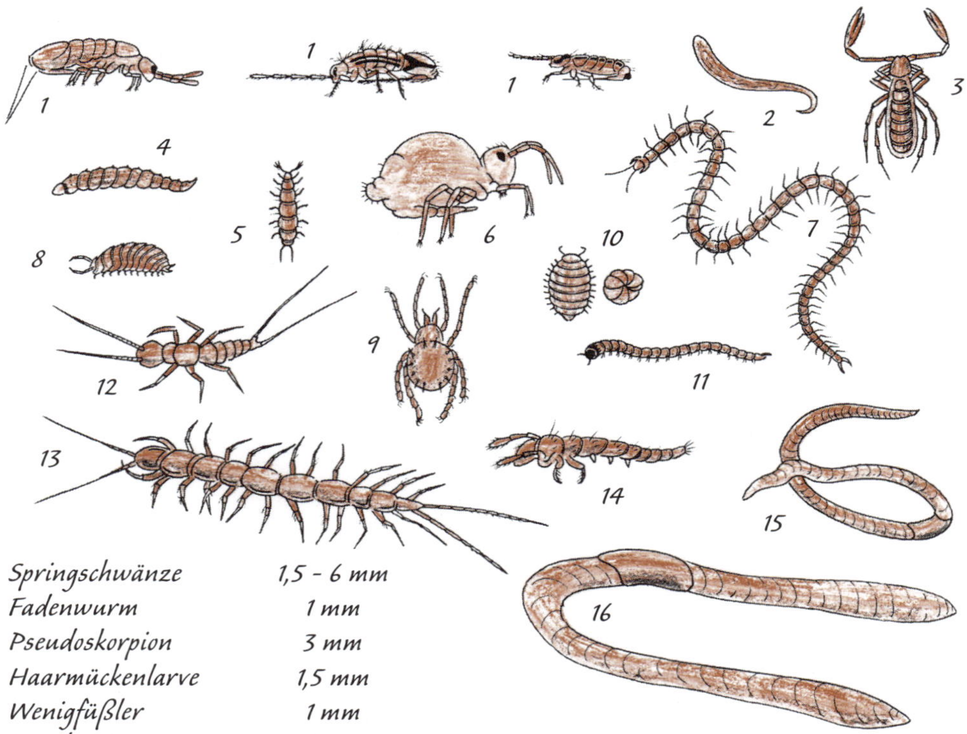

1	Springschwänze	1,5 - 6 mm	12	Doppelschwanz	5 mm
2	Fadenwurm	1 mm	13	Steinläufer	15 - 25 mm
3	Pseudoskorpion	3 mm	14	Beintastler	1,5 mm
4	Haarmückenlarve	1,5 mm	15	Kompostwurm	70 mm
5	Wenigfüßler	1 mm	16	Großer Regenwurm	200 mm
6	Kugelspringer	2 mm			
7	Erdläufer	20 - 40 mm			
8	Assel	12 mm			
9	Erdmilbe	0,5 mm			
10	Saftkugler	10 mm			
11	Doppelfüßler	10 mm			

Luft im Boden

Pflanzen benötigen zum guten Gedeihen Sauerstoff (O_2) im Wurzelbereich und Kohlendioxid (CO_2) im Bereich der oberirdischen Pflanzenteile. Ständig fließender Gasaustausch zwischen Boden und der Luftschicht dicht über dem Boden ist wichtig für die biologische Aktivität des Bodenlebens und begünstigt dadurch ein zügiges Pflanzenwachstum.

Sind die einzelnen Bodenkrümel mit Wasser übersättigt, wie es bei Dauerregen oder Staunässe der Fall ist, befindet sich nicht mehr genügend Luft im Boden und das entstehende Kohlendioxid kann den Boden nicht verlassen. Die Pflanzen sind im Wachstum gehemmt.
Solche verdichteten Böden müssen gut durchlüftet werden, z.B. mit dem Bodenlüfter oder mit einer Hacke.

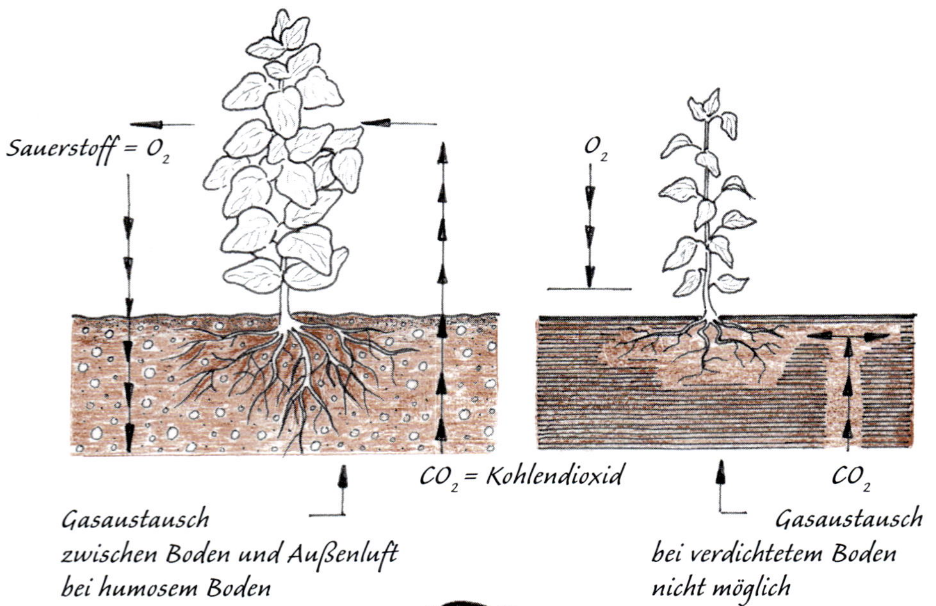

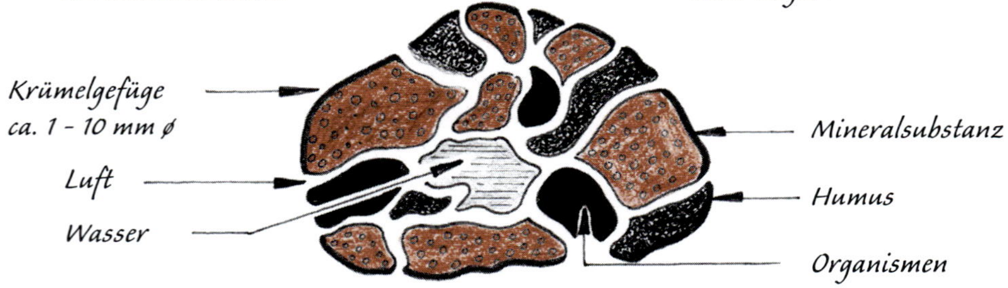

Die Bodenbedeckung

In der Natur ist unbedeckter Boden kaum zu finden, denn abgestorbene Pflanzenteile bleiben gewöhnlich einfach liegen oder es wächst eine dichte Krautschicht zwischen den größeren Pflanzen.
Unbedeckter Boden in Feld und Garten verschlämmt bei Regen sehr schnell, bei Sonne trocknet er stark, weshalb es nötig ist, ihn oft zu lockern und zu gießen. Der dabei beschleunigte Humusabbau sollte durch organisches Material wieder ergänzt werden.
Deshalb wird im biologisch bearbeiteten Garten der Boden mit abgestorbenem Pflanzenmaterial bedeckt (gemulcht) oder zwischendurch mit Gründünger eingesät.

Vorzüge einer Mulchschicht

- Nahrung für das Bodenleben und daher dessen Aktivierung.
- Dadurch ständiger Nachschub von Nährstoffen für die Pflanze, auch von Kohlendioxid.
- Erhaltung einer günstigen Krümelstruktur des Bodens.
- Schutz des Bodens vor Austrocknung und Verkrustung, ausgeglichene Bodenfeuchtigkeit.
- Ausgeglichene Bodentemperaturen.
- Unterdrückung von sogenannten Unkräuten.
- Verhinderung von oberflächlichem Bodenabtrag.
- Ein aktives Bodenleben ermöglicht die Bildung von natürlichen Abwehrstoffen, die von den Pflanzen aufgenommen werden.

Mulchen schafft ausgeglichene Bodenstrukturen und aktiviert das Bodenleben

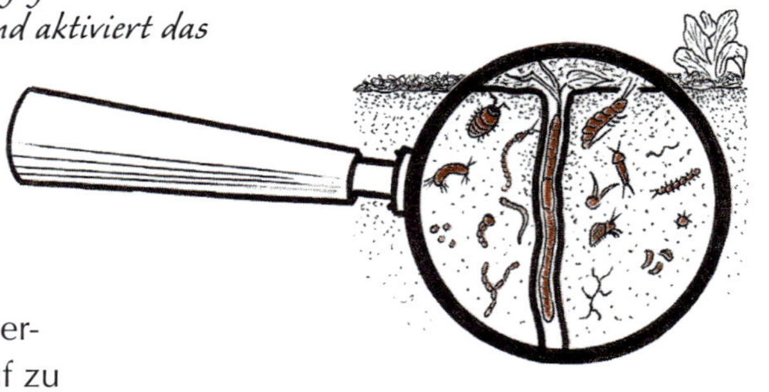

Geeignetes Mulchmaterial

- Garten- und Gemüseabfälle dürfen nicht zu groß sein, eventuell grob zerkleinern. Bei Wildkräutern ist darauf zu achten, dass sie noch keine Samen tragen.
- Rasenschnitt ist gut geeignet, er muß aber schon leicht angewelkt sein, bevor er auf das Beet aufgebracht wird.
- Bei Laub, Schilf, Karton, zerkleinertem Heckenschnitt und Stroh muß etwas organischer Volldünger mitgegeben und das Ganze gut angefeuchtet werden. (Dieses eher grobe Mulchmaterial ist gut für Beerenobst und Blumen geeignet)
- Rindenmulche gibt es von grob bis fein. Da Rindenmulch nicht nur antibiotische, sondern auch wachstumshemmende Wirkstoffe abgibt, ist er im Gemüsegarten eher unbrauchbar. Im Ziergarten, wo er jahrelang auf dem Boden liegenbleiben kann, ist er als Mulchmaterial bestens geeignet und kann unter Sträuchern ruhig bis zu 10 cm dick ausgelegt werden. Beim Kauf sollte auf das Prüfsiegel geachtet werden, sonst holt man sich unerwünschte Pflanzenschutzmittel oder Klärschlamm in den Garten.

Grundregeln des Mulchens

- Zuerst wird der zu bedeckende Boden gelockert.
- Das Abdeckmaterial wird zerkleinert.
- Grünes und saftiges Material darf nur dünn aufgetragen werden; es muß deshalb ab und zu erneuert werden.
- Beim Ausstreuen des Abdeckmaterials ist darauf zu achten, dass Saatrillen und Setzlinge nicht abgedeckt werden.
- Das Abdeckmaterial sollte frei von Unkrautsamen sein und auf keinen Fall Schnecken oder Schneckeneier enthalten.
- Trockenes Material, z. B. Stroh oder Schilf, kann man auch dicker auftragen (2-5 cm), es sollte aber immer sofort angefeuchtet werden.
- Im Gemüsegarten nur dünn, dafür öfter mulchen. Schneckengefahr!

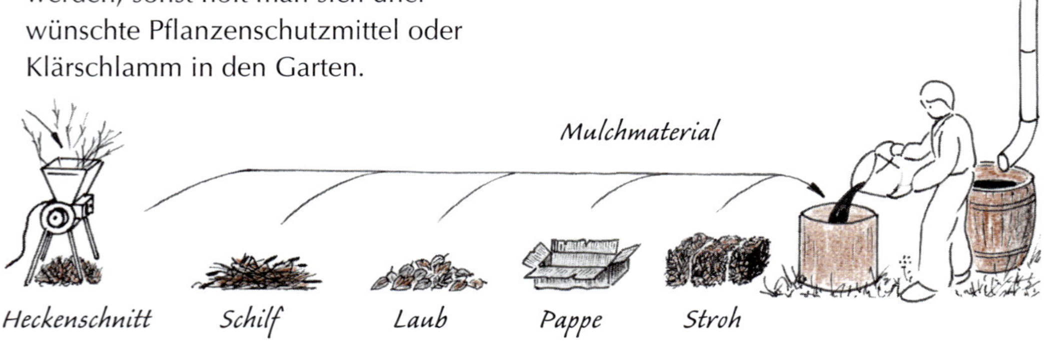

Die Bedeutung der Gründüngung

Gründüngung dient der Beschattung des Bodens, der Regulierung des Wasserhaushaltes, der Aktivierung des Bodenlebens, der Untergrundlockerung, dem Humusnachschub, der Nährstoffanreicherung und der Unkrautunterdrückung.

Gründüngung in der Anwendung

Eine Gründungung ist als Zwischenfrucht oder ganzjährig zur Gesundung des Bodens von Nutzen. Hierbei werden Pflanzen zwar gesät, aber nicht geerntet, sondern direkt wieder in den Boden eingearbeitet oder flächenkompostiert. Die besondere Fähigkeit der Leguminosen, Stickstoff im Boden anzureichern, wird auf Seite 37 genauer erläutert.

Ganzjährige Einsaaten

Wer in einem Stückchen seines Gartens eine wirksame Bodenverbesserung vornehmen möchte, z. B. bei der Neuanlage eines Gartens, sollte ganzjährige Einsaaten wählen. Dazu eignen sich fertige Mischungen wie das Rotenburger Kombigemenge, Kleemischungen und bei leichteren Böden Lupinen.

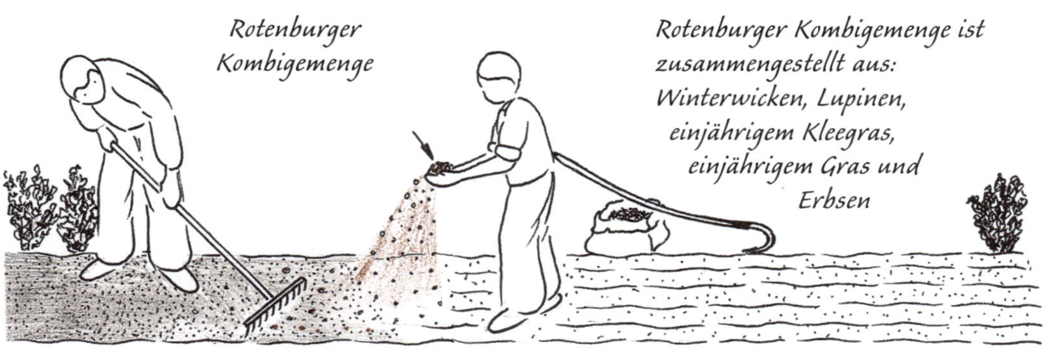

Voraussaaten

Voraussaaten sind Spinat, Ackerbohne, Gelbsenf und Phacelia. Für die Aussaat oder Pflanzung der Hauptkultur wird der Gründünger reihenweise entfernt und bleibt zum Schutz der jungen Pflänzchen stehen, bis diese in ihrer Ausbreitung behindert werden. Der Gründünger wird abgehackt oder herausgezogen und kann dann als Mulchschicht liegenbleiben.

Nachsaaten

Nachsaaten werden als lebende Bodenbedeckung nach der Ernte ausgesät. Nicht winterharte Sorten (siehe nebenstehende Tabelle) frieren ab und dienen so als leichter Frostschutz für das Bodenleben.

Untersaaten

Untersaaten können mit Vorteil unter Beerensträuchern vorgenommen werden. Hier ist besonders der Weiß- und Erdklee zu nennen. Feldsalat kann unter Gemüse-

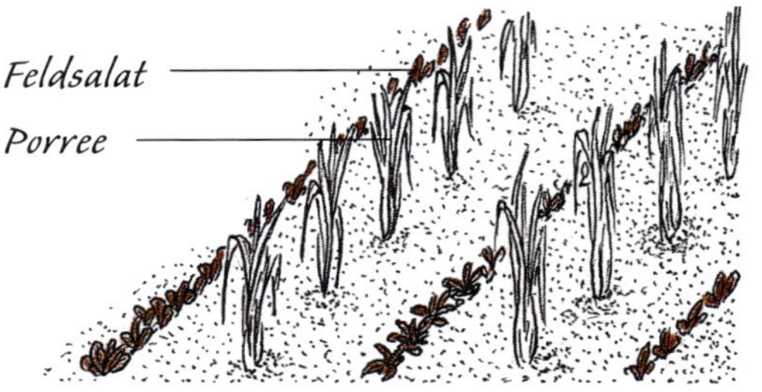

kultur gesät und geerntet werden, z. B. unter Porree und Grünkohl. Erdbeeren tragen besser und sind gesünder, wenn zwischen den Reihen ein gemäßigter Pflanzenwuchs herrscht.

Selbst im kleinsten Garten ist Platz für Gründünger, der ertragssteigernd wirkt und die Pflanzengesundheit fördert. Überall zwischen den Kulturpflanzen können Phacelia und Tagetes als Nematodenvertreiber (Nematoden sind Bodenschädlinge) stehen. Kapuzinerkresse wächst gut unter Bäumen. Dort ist auch Platz für die Pflanzen, die für die Herstellung der verschiedenen Pflanzenschutzmittel benötigt werden: Brennessel, Comfrey, Meerrettich u.a.m. In den Gassen zwischen den Beerensträuchern hat sich Weißklee als Stickstofflieferant bewährt.

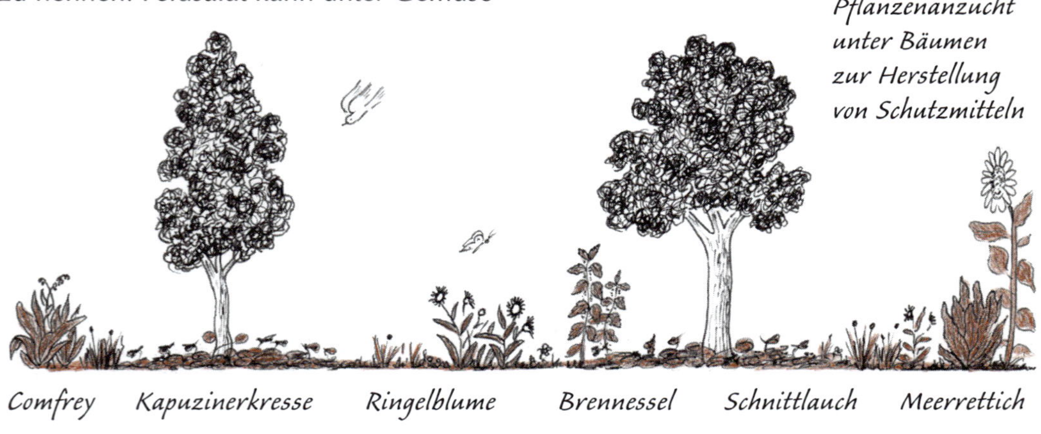

Empfehlungen für nicht überwinternde Gründüngung

Anwendung	Aussaat	Gründüngungs-pflanzen	Saatmenge g/100 m²	Saattiefe cm	Besonderheiten
Ganzjährig	März - April	Einjährige Mischung: - Alexandrinerklee - Perserklee - Hafer	1600 300 300 1000	2 - 3	Stickstoffsammler, 3 - 5 Schnitte möglich, kann für Mulch verwendet werden, Futter für Kleintiere,
	April - August	Lupine	2000	2 - 4	hervorragender Stickstoffsammler, bester einjähriger tiefwurzelnder Bodenaufschließer
Vorsaat	Ab Anfang Februar	Ackerbohne	1500	8 - 10	Stickstoffsammler, gute Trockenheitstoleranz
		Spinat	500	1 - 2	Als Gemüse und Gründüngung, neue Kulturen können dazw. gesät werden, auch winterhart,
	Ab Anfang März	Senf	200	1 - 2	Schnell wachsend, Pfahlwurzler, Kreuzblütler, nicht vor Kohlgewächsen
		Phacelia	200	1 - 2	Gute Bienenweide, Saat muss gut mit Erde bedeckt sein,
		Feldsalat	300	1- 2	Als Gemüse und Gründünger, auch winterhart.
Nachsaat	Juli - August	Sommerwicken-Hafer-Gemenge	1000	3 - 4	Erträgt Fröste bis -5 °C, Stickstoffsammler (Wicke) mit Hafer als Stützfrucht
	Mitte August	Alexandriner-Perserklee (rein oder gemischt)			Stickstoffsammler, 1 - 2 Schnitte möglich
	Ende August	Phacelia	300	1 - 2	Rasch wachsend, tief wurzelnd, gute Bienenweide, erträgt Fröste bis -7 °C,
		Sonnenblume	500	2	Rasch wachsend, nach 8 - 10 Wochen im Knospenstadium viel Grünmasse
	Anfang September	Ölrettich	300	2 - 3	Kreuzblütler, Pfahlwurzel, für verdichtete Böden,
	Ende September	Senf Kresse	500 500	1 - 2 1 - 2	Nicht vor Kohlgewächsen, als Gemüse und Gründüngung

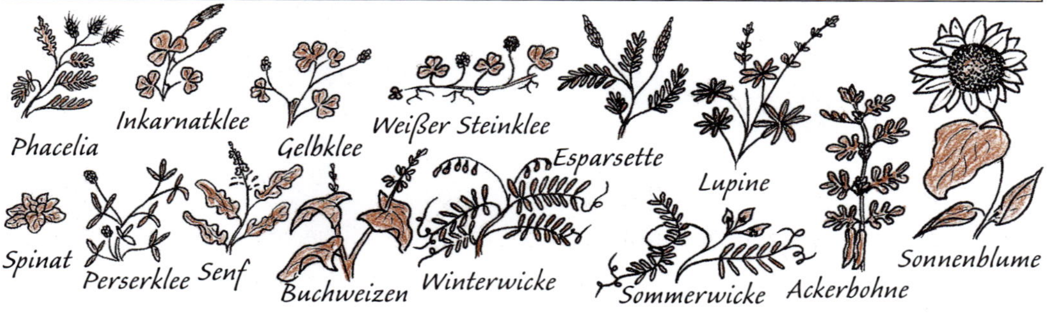

Empfehlungen für die Gründüngung

Anwendung	Aussaat	Gründüngungs-pflanzen	Saatmenge g/100 m²	Saattiefe cm	Besonderheiten
Überwinternde Gründüngung					
Nachsaat	August bis September	Landsberger Gemenge:		2 - 3	Stickstoffsammler, gemischt mit starkem Wurzelbildner (Raygras), gut vor Karotten und Kartoffeln
		- Inkarnatklee	300		
		- Zottelwicke	200		
		- Raygras	120		
		Zottelwicke / Winterroggen	800 1000	2 - 3	Stickstoffsammler, guter Bodenregenerator,
	September	Spinat	500	1 - 2	als Gemüse und Gründünger,
		Feldsalat	300	1 - 2	als Gemüse und Gründünger,
	September bis Oktober	Winterroggen	2500	1 - 3	gutes Durchwurzelungsvermögen, späteste Gründüngung
Spezialfälle: Bei neuen Gärten mit unaufgeschlossenen, durch Baumaschinen verdichtete Böden, oder bei sehr alten, übermüdeten und kranken Gartenböden					
	März bis August	Luzerne	300	1- 2	Tiefstwurzler, Stickstoffsammler, Futter für Kleintiere, 2 - 3 Schnitte pro Jahr, mehrjährige Kultur
		Steinklee (Meliolus albus)	300	1 - 2	Tiefwurzler, gewaltige Grünmasse, Stickstoffsammler, vertreibt Mäuse durch Cumaringehalt, Bepflanzung von Baumscheiben,
	Ab März	Tagetes mit Ringelblume (Calendula)	300	2 - 3	mehrjährige Kultur, zur Regeneration bei Nematodenproblemen, dazu Blumenschmuck

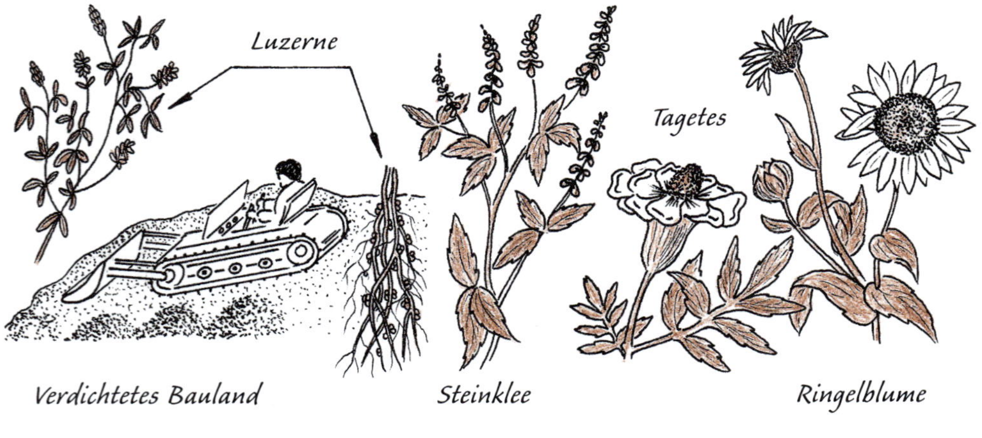

Leguminosen

Die große Familie der Leguminosen ist die beste und billigste Stickstofffabrik. Mit Hilfe bestimmter Bakterienarten gelingt es den Leguminosen, den in der Luft reichlich vorhandenen Stickstoff pflanzenverfügbar zu machen. Ihre Wurzeln sollen darum im Boden bleiben. Im Anbau vertragen sich Leguminosen untereinander nicht und auch nicht in der Folge. Einige gut bekannte Leguminosen sind Lupine, Serradella, Luzerne, Klee, Wicke, Erbse und alle Bohnenarten.

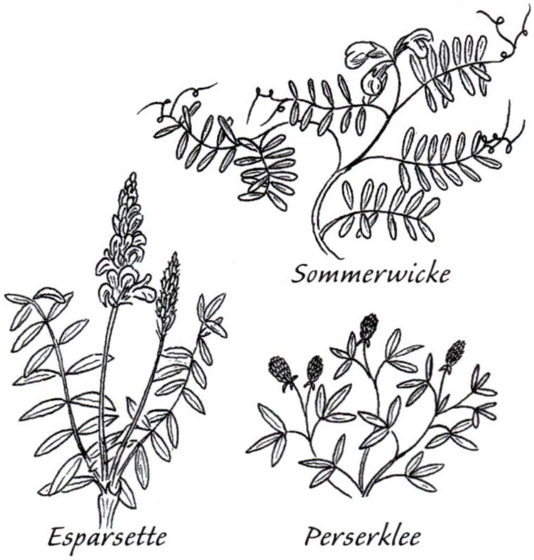

Wurzelknöllchen beherbergen symbiotische Bakterien, die den Luftstickstoff binden können. Diese Bakterien dringen an den Wurzelhaaren der Pflanze ein und veranlassen diese, ein Knöllchen zu bilden, sozusagen das Haus für die Bakterien. Die Pflanze versorgt die Knöllchen mit Nährstoffen, die Knöllchenbakterien wandeln wiederum Stickstoff aus der Luft (N_2) in organisch gebundenen und damit pflanzenverfügbaren Stickstoff um. Der Stickstoff wird so reichlich produziert, dass er der Pflanze nicht nur zum Eigenbedarf reicht, sondern auch noch für die nachfolgende Kultur zur Verfügung steht, ein lockerer Boden und ausreichender pH-Wert vorausgesetzt.

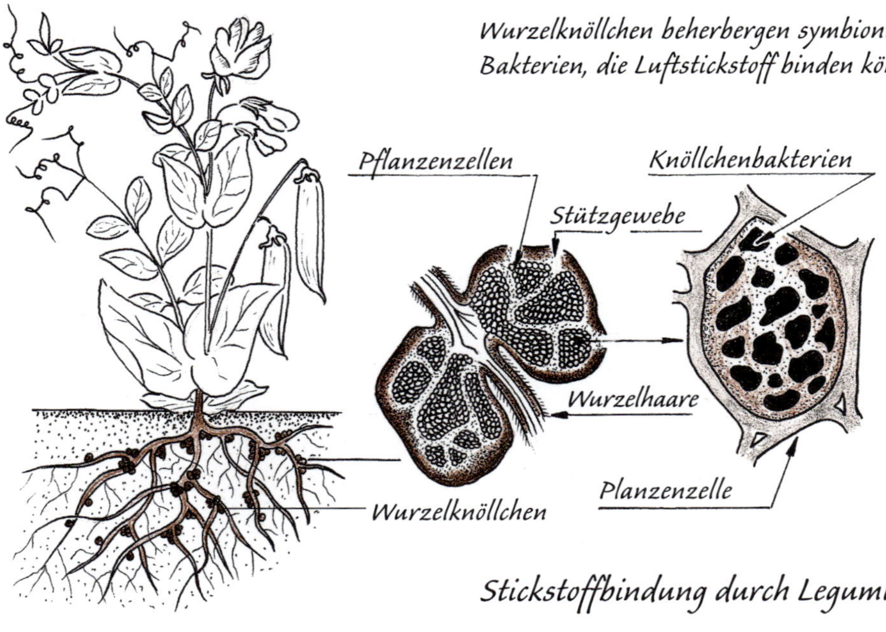

Stickstoffbindung durch Leguminosen

Humus und Bodenfruchtbarkeit

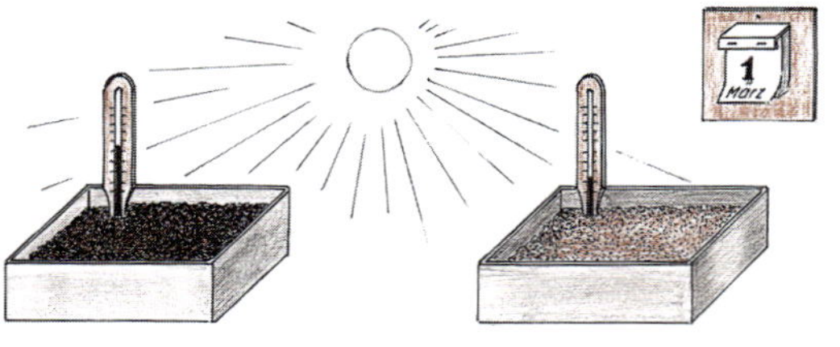

Ausreichend Humus im Boden hilft Erosion zu vermeiden, wirkt feuchtigkeitsregulierend und wärmespeichernd

Der Wert von Humus für die Fruchtbarkeit und Gesundheit unserer Böden ist unumstritten. Auf den meisten Äckern gibt es heutzutage nicht mehr als 2% Humus, weil Gründünger, Kompost und Mist nur noch selten eingesetzt werden. Jede Ernte verbraucht Humus. Optimale Gartenböden sollten 6 – 10% Humus enthalten. Der Humusgehalt des Bodens läßt sich mit der Zeit steigern und durch geeignete Bodenpflegemaßnahmen erhalten. Ein guter Humusanteil im Boden wirkt vorbeugend gegen Erosionsschäden (Auswaschung und Abtragung). Er wirkt feuchtigkeitsregulierend, da er die Feuchtigkeit wie ein Schwamm aufsaugt und nur langsam wieder abgibt. Humoser Boden nimmt durch die dunkle Farbe Wärme gut auf und kann sie durch das poröse Gefüge gut speichern. Deshalb können humose Böden im Frühjahr zeitiger bearbeitet werden. Neben Gründünger und Mulchen ist der Kompost der wichtigste Humuslieferant im Garten.

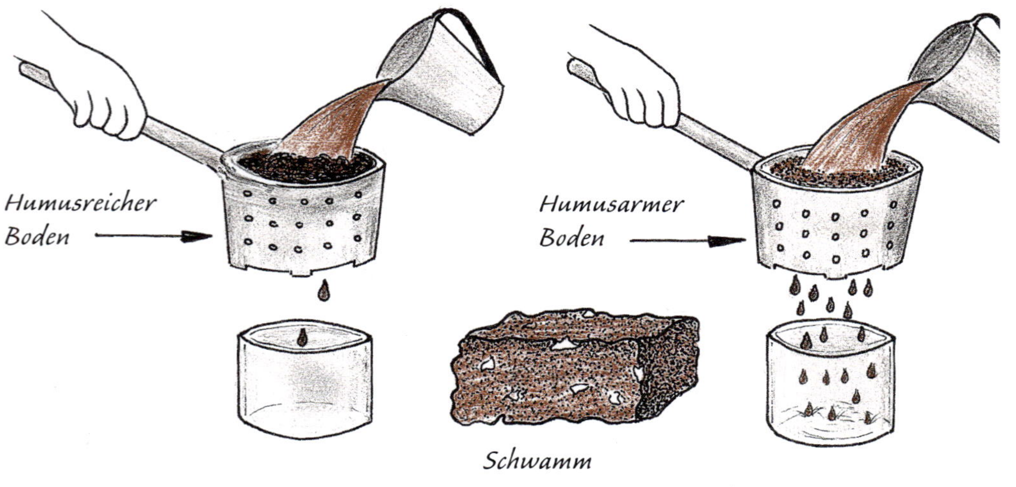

Humus und Bodenfruchtbarkeit

1. Organische Bodenstoffe

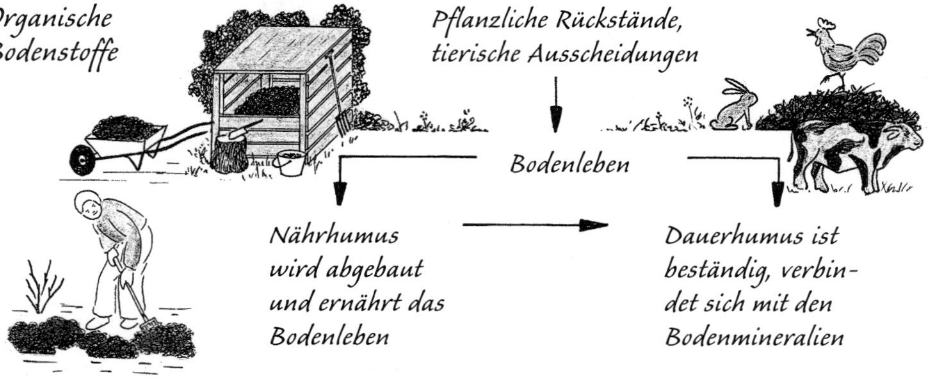

2. Wirkung auf die Nähstoffversorgung der Pflanze	Ein gutes Bodenleben bindet Stickstoff aus der Luft. Nährhumus entläßt bei der Mineralisierung Stickstoff, Phosphor, Schwefel und andere Mineralstoffe, schließt Nährstoffe einschließlich Spurenelemente aus den Mineralien auf	Enthält Vorrat, gibt langsam verfügbare Nährstoffe ab Lagert verfügbare Nährstoffe an und verhindert deren Auswaschung
3. Bodenstruktur	Ein gutes Bodenleben trägt zur Entstehung und Stabilisierung der Bodenstruktur bei	Macht leichte Böden bindiger, erhöht deren Wasserspeicherung, macht schwere Böden porös, verbessert deren Durchlüftung und Erwärmung, bildet Krümelstruktur
4. Gesundheit und Qualität	Liefert Wirkstoffe, pflanzliche Hormone, Antibiotika, steigert biologische Aktivität, diese drängt Schadorganismen zurück	Hat vielseitigen Wirkstoffcharakter, steigert biologische Aktivität, Standort einer artenreichen Mikrolebewelt, diese drängt Schadorganismen zurück

Herstellen von Kompost

Idealerweise stehen drei Behälter im Garten: einer zum Sammeln und zwei zum Kompostieren. Wegen oft lang anhaltender Regenperioden in unseren Breiten werden sie am besten mit einem Deckel versehen (Holzrost, Strohmatte o.ä.).

- Zerkleinerte Abfälle aus Küche und Garten in einem der Behälter sammeln.
- Etwa alle 10 bis 14 Tage das gesammelte Material mit Steinmehl, Algenkalk und Hornmehl bestreuen.
- Ist der Sammelbehälter voll, wird das Material in den Kompostierbehälter umgeschichtet und dabei mit Erde durchmischt.
- Nun die Faustprobe durchführen und eventuell die Feuchtigkeit regulieren.

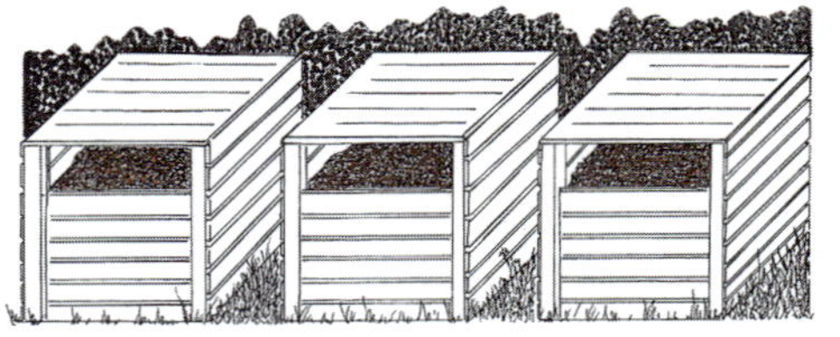

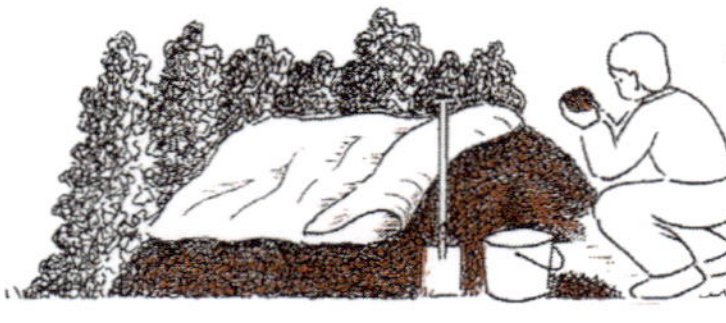

Beim Kompostwalm werden zerkleinerte Abfälle an einer Seite gesammelt, alle 14 Tage mit Erde gemischt und zum Kompostieren angelagert. Der Walm wächst in eine Richtung, bis die fertige Länge erreicht ist. Nun ruht der Walm bis zur fertigen Rotte. Es sind also zwei Komposthaufen notwendig. Der Bau von Kompostbehälter und die Kunst, einen Kompostwalm anzulegen, sind im Werkbuch Biogarten (Lit. 1) beschrieben.

Der rottende Kompost muß nun beobachtet werden. Ist er zu trocken, wird angefeuchtet (am besten mit Brennnesseljauche), zu nasser Kompost, der in Fäulnis überzugehen droht, wird mit trockenem Material vermischt und neu aufgesetzt. Verläuft die Rotte richtig, duftet Kompost angenehm nach Walderde.

Das C/N-Verhältnis

Das richtige Verhältnis zwischen Kohlenstoff (C) und Stickstoff (N) ist entscheidend für das richtige Wohlfühlklima der Mikroorganismen im Kompost. Ist es zu hoch, fehlt Stickstoff und es dauert lange, bis der überschüssige Kohlenstoff oxydiert wird. Der Kompost braucht länger zum Verrotten. Abbhilfe schafft hier die Zugabe von Volldünger, Dung oder Hornmehl.

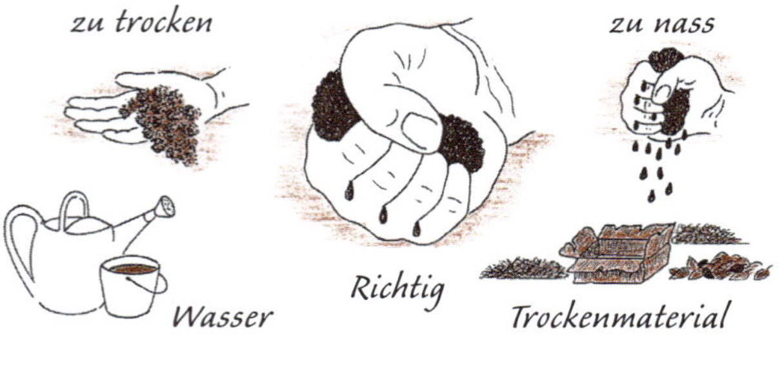

Durchschnittliche C/N-Werte

Material	C/N-Wert
Harn	0,8
Strohhalt. Rindermist	20 - 25
Pferdemist	25
Rasenschnitt	12 - 15
Küchenabfälle	12
Haferstroh	48
Weizenstroh	130 - 150
Sägemehl	200 - 500

11 Tipps für einen guten Kompost

1. Zu kompostierendes Material niemals in eine Grube legen, denn so gelangt keine Luft an das Material. Kompost ohne Luft = Fäulnis und Gestank
2. Ebenso ist es nicht sinnvoll, allseits geschlossene Behälter zu verwenden, denn auch dies führt zu Luftmangel.
3. Ein Komposthaufen sollte nicht auf einer festen Unterlage aus Stein, Beton etc. aufsitzen. Er braucht Erdanschluss wegen der Bodenlebewesen.
4. Grobes Material, etwa 20 cm hoch, als unterste Schicht ein bringen. Dann feinere Stoffe darauflegen; Grasschnitt nur angewelkt und als ganz dünne Schicht einstreuen. Fäulnisgefahr.
5. Normale Gartenerde, Komposterde, Algenkalk als Verrottungsbeschleuniger wie Puderzucker über die einzelnen Schichten streuen und dazwischenmischen. Vorsicht mit Kalkstickstoff, denn er tötet anfänglich jedes Lebewesen im Kompost. Der Komposthaufen belebt sich danach nur sehr langsam.
6. Küchenabfälle stets gut mit Erde und Steinmehl abdecken.
7. Völlige Trockenheit vermeiden! Kleinlebewesen brauchen Feuchtigkeit.
8. Den Haufen nicht zu sehr anfeuchten. Dann fehlt Luft, die Masse stinkt und fault.
9. Zwiebelschalen, Schnittlauchreste, Kaffee- und Teesatz ergeben ein ideales Regenwurmfutter. Phlox und Holunder sind gute Pflanzen am Komposthaufen.
10. Durch das Mischen von grünen und verholzten Teilen (auch Tierkot) kann das richtige Kohlen- und Stickstoffverhältnis (C/N) erreicht werden. Ideal ist ein Verhältnis zwischen 25 - 35 : 1.
11. Den fertig aufgesetzten Komposthaufen mit Laub, Heu, Stroh, Jutesäcken o.ä. abdecken, um die Wärmeentwicklung zu fördern und Stickstoffverluste zu vermeiden.

Was gehört auf den Kompost?

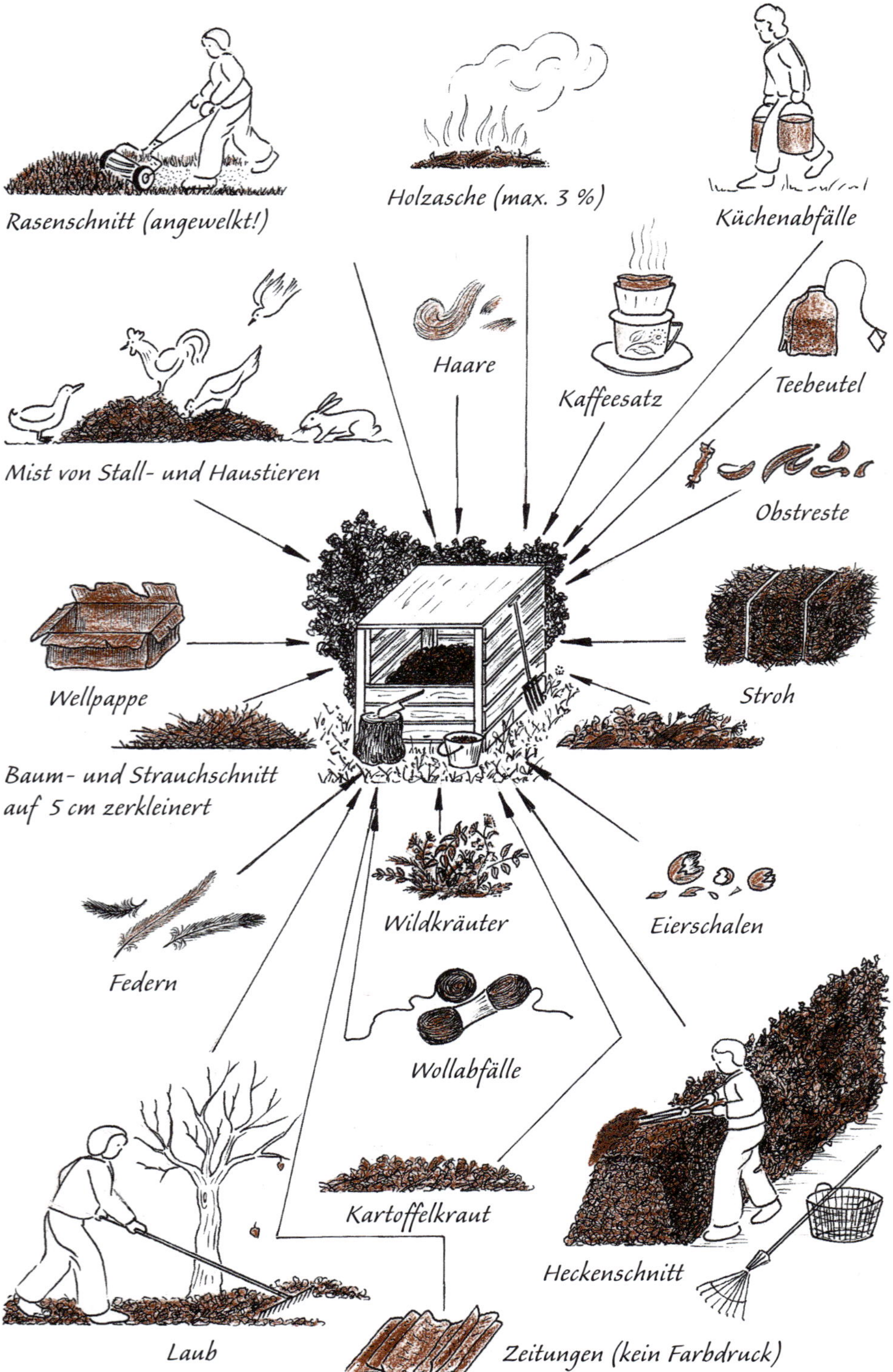

Kompost verwenden

Nach etwa drei bis vier Monaten (je nach Jahreszeit) ist das Material angerottet (vorverdaut). Es kann nun zur Flächenkompostierung genutzt werden.
Bei zu magerem Kompost müßte gleichzeitig Stickstoff (zum Beispiel Hornmehl) gestreut werden. Ist im Herbst ausreichend angerotteter Kompost vorhanden, können abgeerntete Flächen damit bedeckt werden (ohne Stickstoffzugabe).
Im Spätherbst und im frühen Frühjahr verarbeiten die Bodenbakterien (je nach Bodentemperatur) das meiste Material. Die Reste (wie z.B. Stroh, Pflanzenstängel u. ä.) werden im Frühjahr abgeharkt.

Reifer Kompost ist an der dunklen Farbe zu erkennen, an der überwiegend feinen Struktur und daran, dass die Regenwürmer sich zurückgezogen haben. Zur Anzucht von feinen Saaten wird vererdeter Kompost gesiebt in die Beetoberfläche eingeharkt, zur Pflanzenanzucht in Kästen oder Töpfen wird er mit Sand und Rindenhumus vermischt.

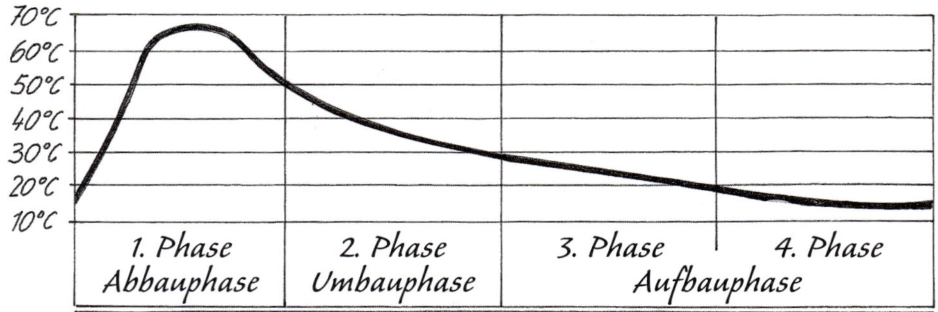

Die 1. Phase wird durch Bakterien geprägt, die durch starke Stoffwechseltätigkeit hohe Temperaturen bis nahe 70°C erzeugen und dadurch Keime und Unkrautsamen abtöten.	In der 2. Phase durchziehen Hutpilze das Material und wandeln im abkühlenden Kompost Stoffe um.	Die 3. Phase wird von Kleintieren bestimmt, die das Material zerkleinern (Asseln, Milben, Springschwänze, Würmer usw.)	In der 4. Phase kommt der Mistwurm und stellt die Verbindung zwischen mineralischen und organischen Stoffen her.

Wenn man zwischen 3. und 4. Phase (nach ca. 3 Monaten) den Kompost einmal umsetzt, wird die Rotte beschleunigt.

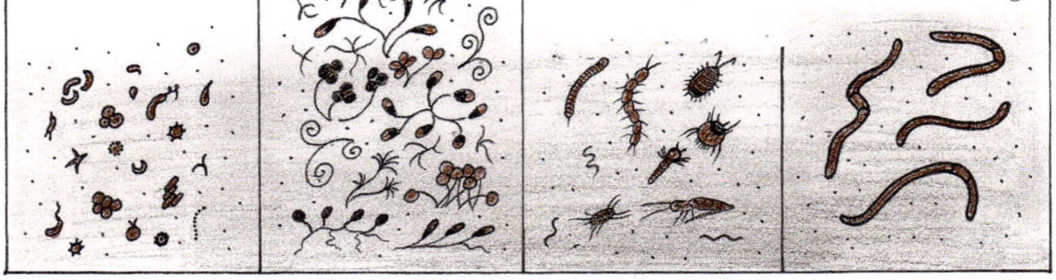

Die Versorgung des Gartens mit Dünger

Wird ein Garten neu angelegt oder ein bisher konventionell bewirtschafteter Garten auf biologischen Anbau umgestellt, sollte man wissen, welche Nährstoffe fehlen. Eine Bodenanalyse gibt Aufschluss darüber (Adressen im Anhang).
Im biologischen Anbau macht die Pflanzendüngung einen Umweg über das Bodenleben, d.h. die Pflanzen werden nicht direkt mit leicht löslichen Mineralsalzen ernährt, sondern die Bodenlebewesen gefüttert. Das führt zu einer harmonischen Versorgung der Pflanzen mit Mineralstoffen. Die beste Nahrung dafür sind Kompost, Gründüngung und Bodenbedeckung in feiner Form. Trotzdem dauert es, je nach bisheriger biologischer Aktivität, zwei bis drei Jahre, bis sich reges Bodenleben aufbaut.
Damit die Übergangszeit nicht entmutigend wird, kann bei Bedarf organischer Volldünger eingesetzt werden. Dazu gehören die im Bio-Handel erhältlichen Mischungen und die verschiedenen Mistarten.

Dünger ausstreuen

Geflügelmist (dazu gehört auch Peru-Guano) kann im Frühjahr zusammen mit den anderen Bodenverbesserern in die oberen drei Zentimeter eingearbeitet werden (sparsam verwenden, denn Geflügelmist ist sehr kräftig. Mist darf nicht zu tief in den Boden eingebracht werden, da er sonst nicht verrotten kann).

Düngerreste im Frühjahr mit der Harke sammeln

Ein langsam und nachhaltig wirkender Stickstofflieferant ist Hornmehl, wobei das feinere Hornmehl schneller pflanzenverfügbar ist. Der an sich gute Stickstofflieferant Rizinusschrot ist inzwischen umstritten, da er, wenn er bei der Herstellung unzureichend gereinigt wird, Reste von giftigem Rizin enthalten kann, die für im Garten buddelnde Haustiere, aber auch für kleine Kinder gefährlich sein können.
Bei allen Stickstoffdüngern ist zu beachten, dass sie nur im Frühjahr ausgebracht werden dürfen (siehe unten).

Für eine gleichmäßige Düngewirkung wird Mist zuerst grob kompostiert. Dazu sollte er locker aufgeschichtet und mit Erde und Stroh untermischt drei Monate ruhen. Danach kann er bodenbedeckend auf das Beet gebracht werden und wird hier Stück für Stück abgebaut (Flächenkompostierung). Dieser Dünger ist gut geeignet für Starkzehrer wie Kohl, Tomaten und Sonnenblumen. Die Reste können als Winterabdeckung auf dem Beet liegen bleiben.

Vorsichtige Herbstdüngung

Da in der kalten Jahreszeit die Vegetation ruht, ist dies der falsche Zeitpunkt für eine Stickstoffdüngung: Der Stickstoff wird nicht mehr von den Pflanzen oder anderen Organismen gebunden und mit Regen- und Schmelzwasser ausgeschwemmt und gelangt so ins Grundwasser.

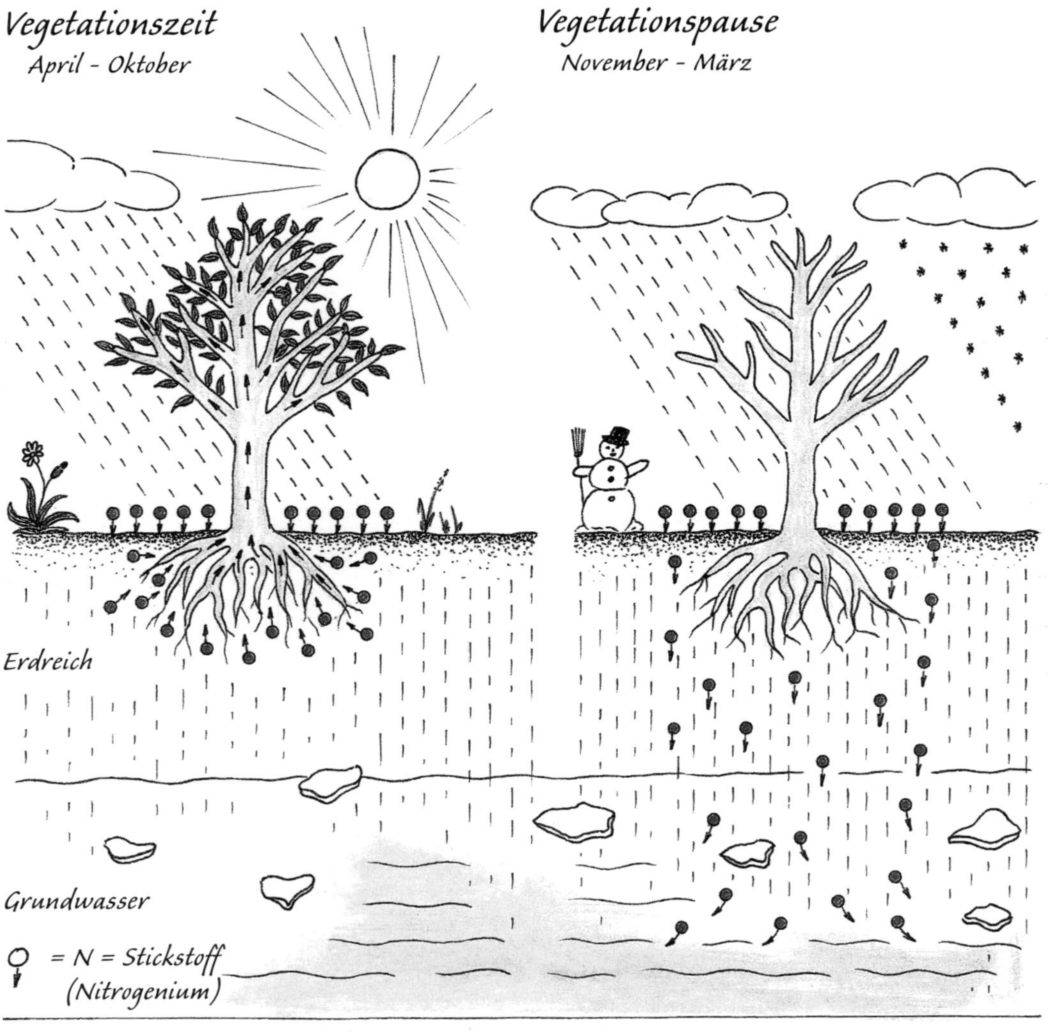

Wirkung der organischen Düngung auf die Pflanzengesundheit

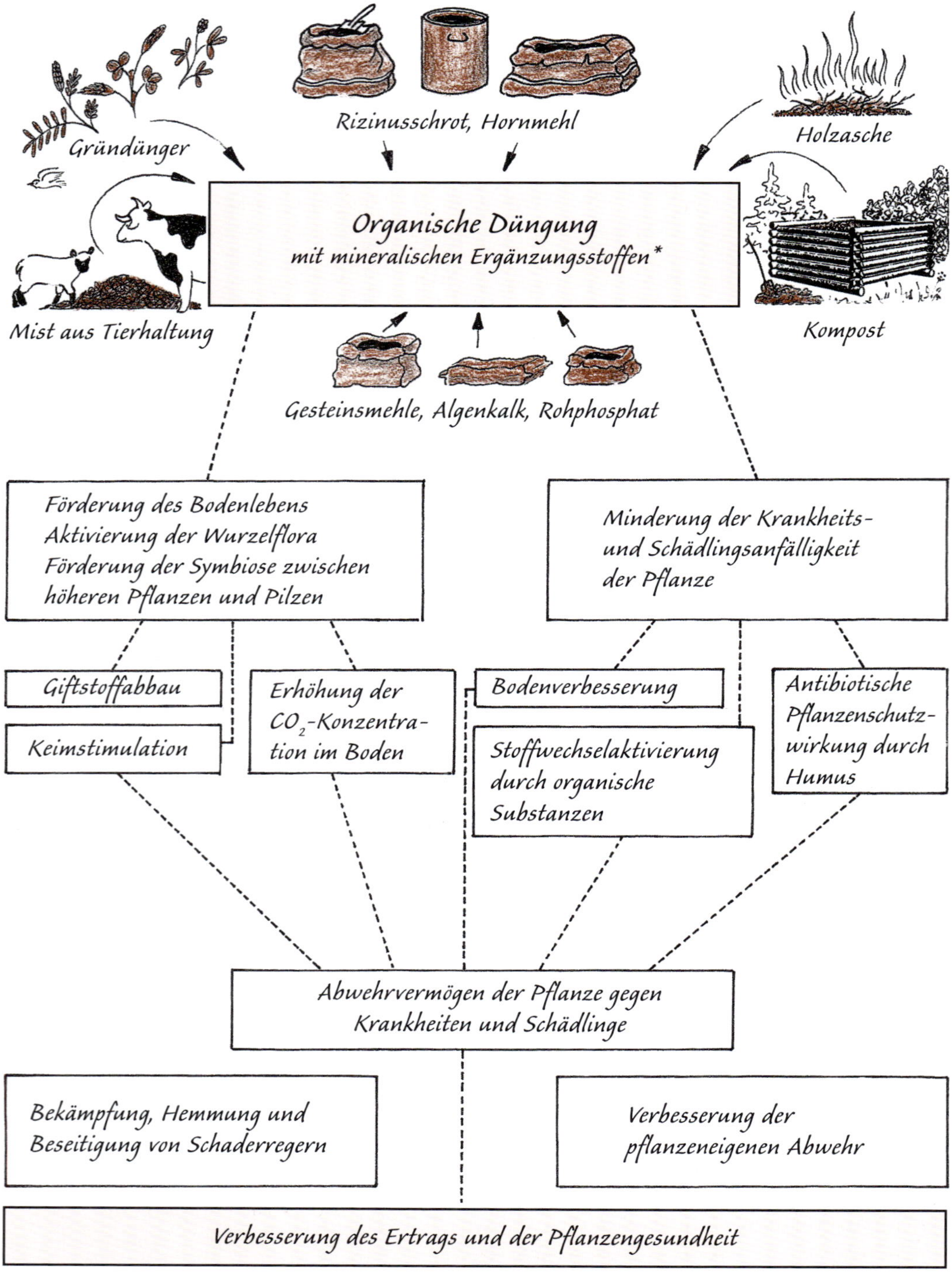

*in nicht wasserlöslicher Form, diese müssen erst vom Bodenleben aufgeschlossen werden

Die Hauptnährstoffe

Nährstoff	Wirkung	Erscheinungsbild: Mangel	Erscheinungsbild: Überschuss	Vorkommen: Natur	Vorkommen: Handelsprodukt
Stickstoff (N)	Starkes Triebwachstum.	Gelbfärbung der Blätter, geringe Erträge.	Geringere Lagerfähigkeit bei Obst und Gemüse, anfälliger für Krankheiten und Schädlinge, hoher Wasser- und Nitritgehalt.	ca. 80 % in der Luft, Bindung u.a. durch Knöllchenbakterien. Org. gebunden, z.B. in Gründünger, Kompost, Stallmist.	Hornmehl oder Hornspäne, Kompost, Schweineborsten.
Phosphor (P)	Förderung der Blüten-, Fruchtbildung und Reife, wichtig für die Kräftigung der Wurzeln im Frühling	Verfärbung der Blätter violett bis rotbraun	Blockierung der Aufnahme von Spurenelementen, z.B. Eisen, Kupfer und Zink	Rohphosphat, Hühnermist, Schweinemist oder -gülle	Hyperphosphat, Algenphosphat, getrockneter Hühnermist, Thomasmehl
Kalium (K)	Fördert Wachstum, Festigkeit des Zellgewebes, Kälteresistenz und Widerstandskraft der Pflanzen	Schlechtes Wachstum, Verfärbung der Blattränder (gelblich - rötlich). Beeinträchtigung des Wohlgeschmacks von Obst und Gemüse	Schlechter Wuchs und Ertrag	Tierische Ausscheidungen, insb. Jauchen, Holzaschen, Granitstaub, Basaltmehle, auch in Laubkompost, Farnkraut und Beinwell, kalihaltige Salzvorkommen	Patentkali (26 % Kali und 5 % Magnesium), Holzasche; Kalium sehr leicht löslich in beiden Düngern. Gewisse Basaltmehle
Calzium (Ca)	Aktivierung des Bodenlebens, fördert Krümelstabilität im Boden. Erhöhung des pH-Wertes, wichtig für die Stabilität des Pflanzengewebes	Übersäuerung des Bodens, schlechte Bodenstruktur, geringere Erträge von minderer Qualität	Humusabbau, fordert großen Nachschub an organischem Material, zu hoher pH-Wert des Bodens	Mergel, Jurakalk, Dolomit, Marmor, Algenkalk	Düngekalk (aus Mergel oder Jurakalk), Algenkalk, Thomasmehl (mit P)
Magnesium (Mg)	Aktivierung der Enzyme für die Eiweißbildung, wichtigster Baustein für das Blattgrün (Chlorophyll)	Gelbliche Verfärbung der Blätter zwischen Rippen und Blattrand	Verminderte Calziumaufnahme	Holzasche, Talk, Olivin, Serpentin, Speckstein, magnesiumhaltige Salzvorkommen, Algenprodukte	Patentkali, Algenprodukte, bestimmte Gesteinsmehle

Einige Spurenelemente

Spuren-element	Erscheinungsbild bei Mangel	Möglichkeiten der Behebung des Mangelzustandes
Eisen (Fe)	Absterben des ganzen Pflanzengewebes bei starkem Mangel, gelbgrüne Verfärbung der Blätter (Chlorose); kleine braune Flecken in der Blattmitte. Störung des Fruchtansatzes.	Eisen kann durch zu hohen Kalkgehalt im Boden gebunden werden. Daher: gute Durchlüftung und Drainage des Bodens. Nur Gesteinsmehle mit geringem Kalkgehalt bei der Kompostierung verwenden. Komposte aus Laub oder Rindenabfällen verwenden.
Kupfer (Cu)	Hellgrüne bis gelbgrüne Verfärbung der Blätter. Blattspitzen werden trocken und hängen als trockene und verdrehte Teile herab, auch zusammengerollte Blätter möglich. Geringe Halmfestigkeit beim Getreide. Keine Samenbildung.	Zu hoher Phosphorgehalt im Boden kann zur Blockierung von Kupfer führen. Daher Phosphorgehalt im Boden beachten. Kupfer ist in geringen Mengen in Gesteinsmehlen (Basalt, Urgestein) enthalten sowie in Algenprodukten. Bewährt hat sich auch das Einlegen von Kupferstücken in den Vorratsbehälter für Gießwasser.
Bor (B)	Kleine und deformierte Blätter. Bei Rote Rüben verkorkte Stellen an Stengeln und Wurzeln. Herz- oder Trockenfäule bei Rüben. Hohle Stengel bei Blumenkohl.	Verwendung von Algenmehl und Gesteinsmehlen bei der Kompostbereitung. Laub- und Rindenkomposte einsetzen. Verhinderung der Austrocknung des Bodens.
Molybdän (Mb)	Schlechter Wuchs, Blattränder verfärben sich gelb bis braun, vor allen Dingen bei Tomaten und Gurken. (Molybdän ist wichtig für die Bindung von Luftstickstoff bei Knöllchenbakterien.)	Molybdän wird in saurem Boden gebunden. pH-Wert des Bodens durch Gesteinsmehle mit hohem Kalkgehalt oder Algenkalk erhöhen (direkt auf den Boden oder als Kompostzusatz). Wicken und Luzerne als Gründüngung holen Molybdän aus dem Untergrund herauf.

Nährstoffe und Wirkung einiger Düngemittel

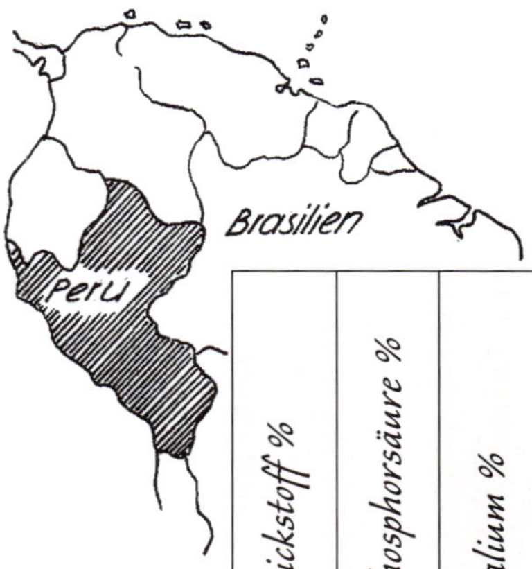

	Stickstoff %	Phosphorsäure %	Kalium %	Magnesium %	Kalk %	Silizium %	Org. Substanz %	Spurenelemente %	Einfluß auf pH-Wert (Säuregrad)	Düngewirkung in % im 1. Jahr	2. Jahr	3. Jahr
Organische Düngemittel												
Hornmehl	9-14	4-5	-	-	6	-	80-85	arm	neutr.	50	30	20
Rizinus-schrot	6	2,5	1,5				70-80	mittel	neutr.			
Hühnermist	1,5	1,5	1	-	3	-	30-35	reich	neutr.	75	15	10
Pferdemist	0,5	0,3	0,4	-	0,2	-	30	mittel	neutr.	60	25	15
Kuhmist	0,4	0,2	0,5	-	0,5	-	25	mittel	neutr.	45	35	20
Peru-Guano	7	11	2,5	1	12	-	50	reich	neut.	60	25	15
Anorganische Düngemittel												
Thomasmehl	-	16-20	-	1-4	45-50	-	-	reich	alkal.	25	50	25
Holzasche	-	2-4	6-10	-	30-35	-	-	reich	alkal.	80	20	-
Kalium-magnesia	-	-	26	5	-			-	sauer	75	20	5
Algenkalk	-	-	-	2-3	32	-	-	reich	alkal.	45	35	20
Urgesteins-mehl (Gotth.)	-	0,2	2,6	2,5	10,5	55	-	reich	alkal.	langsam		
Steinmehl m. Magnes.	-	Spur	0,8	6,4	22	39	-	reich	alkal.	langsam		
Basaltmehl	-	0,9	0,6	3,8	12,5	75	-	reich	alkal.	langsam		
Steinmehl (Donatus)	-	0,2	2,7	0,7	8,3	49	-	reich	alkal.	langsam		

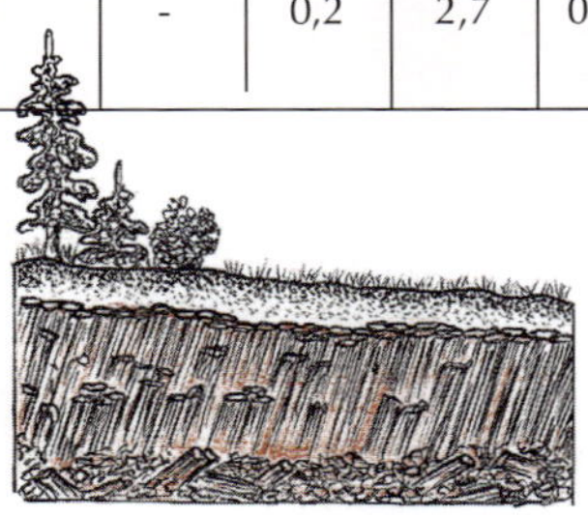

Der pH-Wert des Bodens

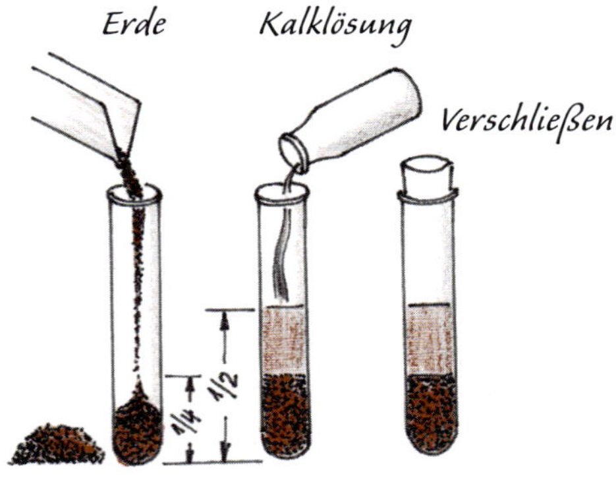

Der pH-Wert ist eine Maßzahl für die Konzentration aktiver Wasserstoffionen in einer Lösung. Eine Lösung nennen wir sauer, wenn die H^+-Ionen überwiegen, alkalisch, wenn die OH^-- Ionen in der Mehrzahl sind. Der pH-Wert des Bodens bezieht sich also immer auf das darin enthaltene Wasser. Der pH-Wert gibt Aufschluß darüber, in welchem Umfang Nährstoffe von Pflanzen aufgenommen werden können (siehe nebenstehende Tabelle). Je nach Pflanze sind unterschiedliche pH-Werte erforderlich. So ist der Boden in Moorgebieten von Natur aus eher sauer, Pflanzen und Bodenbakterien haben sich angepaßt. Gemüse kann hier nicht wachsen.

Der pH-Wert des eigenen Gartenbodens läßt sich einfach mit den im Handel erhältlichen Messmethoden ermitteln. In der Regel wird der Boden eher zu sauer sein (saure Niederschläge durch Schwefelemissionen). Durch stete Zugaben von Kalk verändert sich der Boden mit der Zeit hin zu günstigeren Werten.

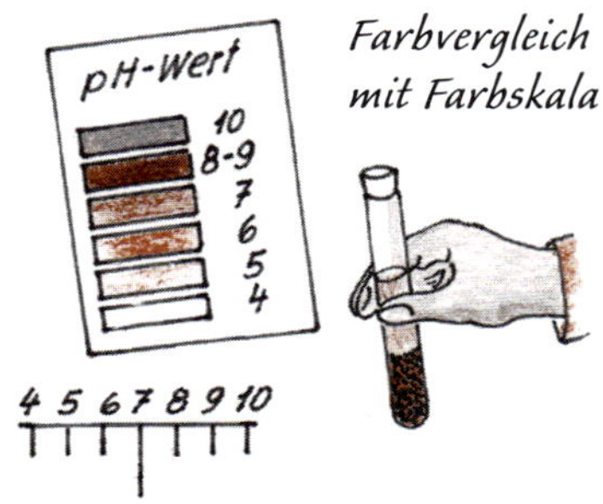

pH-Werte für Pflanzen und Boden

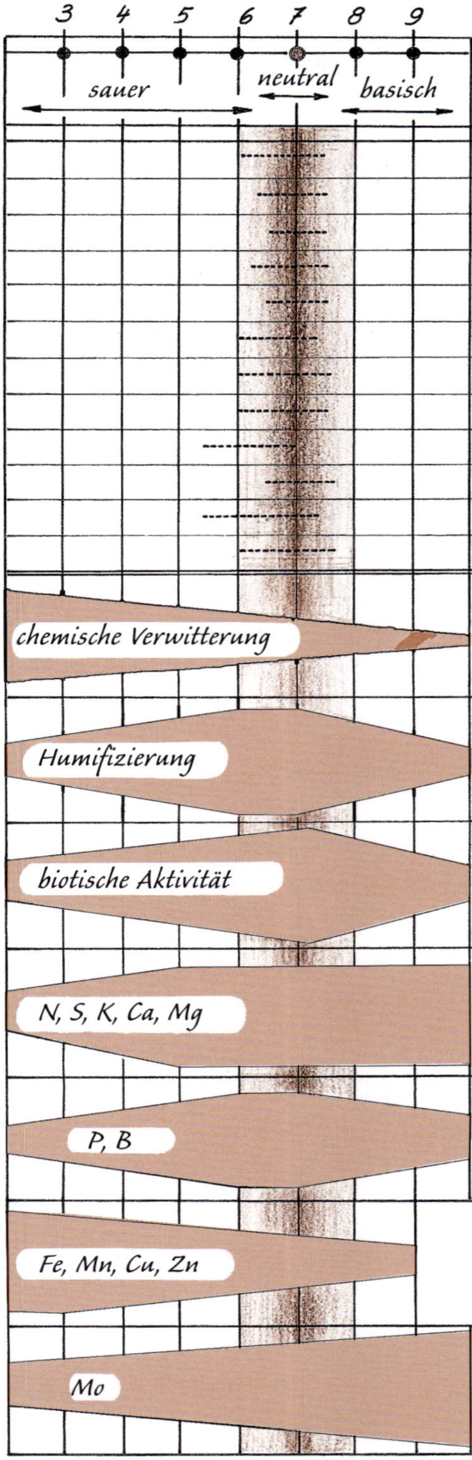

Lauch, Petersilie, Möhre

Blumenkohl, Rotkohl, Rote Rüben

Weißkohl, Wirsing, Zwiebeln

Spargel, Sellerie, Schwarzwurzeln

Rosenkohl, Erbsen, Endivien

Gurke, Salat

Spinat, Rettich, Radieschen, Kohlrabi

Grünkohl, Bohne

Tomate, Kartoffel

Weizen

Roggen

Gerste

Je saurer der Boden, um so rascher erfolgt die chemische Verwitterung

Die Humusbildung erfolgt bei einem pH-Wert von 5 - 7 am leichtesten

Bei einem pH-Wert etwas über 7 nimmt die biologische Aktivität zu, dann wieder ab

Je saurer der Boden, um so schwerer werden diese Nährstoffe aufgenommen

Phosphor und Bor werden bei einem pH-Wert von 6 - 7 am leichtesten aufgenommen

Eisen, Mangan, Kupfer und Zink stehen der Pflanze um so schwerer zur Verfügung, je basischer der Boden wird

Bei Molybdän sinkt die Verfügbarkeit, je saurer der Boden wird

Die wichtigsten Düngemittel im Bioanbau

Algomin

Algomin ist ein biologisch hochaktiver Düngekalk mit hohem Magnesiumanteil. Die zahlreichen Nähr- und Wirkstoffe (Spurenelemente) in diesem Algenkalk bringen Ergebnisse, die weit über die Wirkungen eines herkömmlichen Kalks hinausgehen.

Algomin wird aufgestäubt oder in Wasser gelöst auf die Pflanzen gebracht

Wirkung

- Außergewöhnliche Bodenlockerung durch vermehrte Bakterientätigkeit
- Verbesserung des Wasserrückhaltevermögens des Bodens
- Schnelles Erreichen des gewünschten pH-Wertes
- Rückgang von Unkräutern, vor allem von Moos im Rasen

Korall-Algen werden auf offener See in 15 - 60 m Tiefe geerntet

- Deutliche Ertragssteigerung durch eine bessere Aufschließung der Nährstoffe im Boden
- Erhöhte Resistenz gegen Pilz- und Viruskrankheiten sowie gegen Schädlinge
- Besserer Geschmack und längere Haltbarkeit von Obst und Gemüse

Anwendung

Je nach Bedarf (pH-Wert-abhängig) im Herbst oder im zeitigen Frühjahr bis zu 70 g pro m² Fläche auf die Beete streuen und einarbeiten.
Zusätzlich kann Algomin als Pilzverhütungsmittel und bei Spurenelementemangel auf (die feuchten) Pflanzen aufgestäubt oder in Wasser gelöst über die Blätter gegossen werden.
Bei der Kompostbereitung sollte pro m³ (1000 l) Kompostmasse 5 kg Algomin eingemischt werden.

Der ideale pH-Wert beträgt bei:

Ton- und Lehmboden	6,5 - 7,0
lehmiger Sandboden	6,0
Sandboden	5,5

Die NAB-Mischung (1/3 Netzschwefel, 1/3 Algomin, 1/3 Bentonit) wird als Pilzbekämpfungsmittel eingesetzt

Bentonit

Bentonit wird in großen Lagerstätten gefunden und abgebaut.
Bentonit enthält verschiedene Tonminerale, davon ca. 50% Montmorillonit, ca. 20% Illit und etwa 5-10% Kaolonit Tonminerale weisen die Eigenschaft auf, Wasser und Nährstoffe zu binden und langsam wieder abgeben zu können.

Anwendung

Für leichte (sandige) Böden öfter kleine Mengen aufs Land bringen, bei mittleren, leichten und kalkhaltigen Böden dem Kompost zusetzen, ca. 3 kg pro m^3 Fläche.
Bentonit ist als Haftmittel bei Spritzbrü--hen und als Baumanstrich unentbehrlich.

Chemische Analyse		
Benennung	*Anteil in %*	*Nilschlamm*
Kieselsäure SiO_2	50,31 %	50,10 %
Aluminiumoxid Al_2O_3	15,23 %	17,70 %
Eisenoxid Fe_2O_3	9,68 %	11,51 %
Natriumoxid Na_2O	5,42 %	1,15 %
Calziumoxid CaO	4,86 %	4,82 %
Magnesiumoxid MgO	4,37 %	3,43 %
Kohlendioxid CO_2	3,20 %	1,18 %
Kaliumoxid K_2O	2,83 %	1,15 %
Titanoxid TiO_2	1,05 %	2,20 %
Phosphor P_2O_5	0,38 %	0,24 %
Schwefeltrioxid SO_3	0,11 %	0,25 %
Außerdem Spurenelemente in geringen Mengen: Bor, Chrom, Jod, Kobalt, Kupfer, Mangan, Molybdän, Nickel, Zink		

Gesteinsmehle

Unsere Böden sind durch intensiven Anbau und einseitige Düngung an Mineralstoffen verarmt. Magnesiummangel ruft bei Menschen Abgeschlagenheit, Kopfschmerzen und Konzentrationsstörungen hervor. Bormangel macht Kartoffeln schorfig, Möhren rissig und Rüben bekommen Herzfäule. Kalk- und Titanmangel läßt Äpfel stippig werden. Kupfermangel macht Tiere unfruchtbar und Menschen anfällig für Knochenbrüche.

Anwendung

5 - 7 kg auf 100 kg Kompost, bzw. 15 kg auf 100 m^2 Gartenfläche

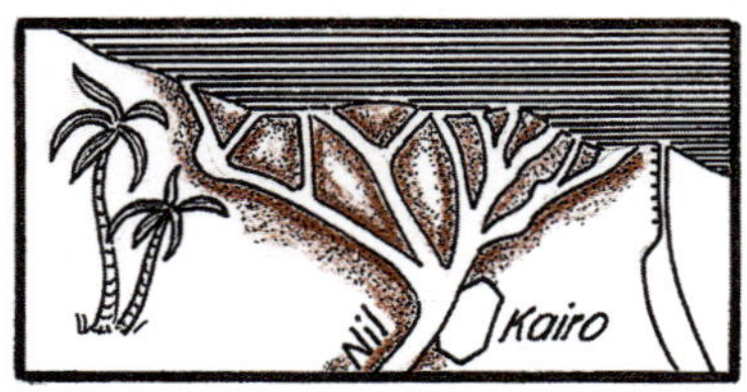

Der Nilschlamm bildete die Grundlage der Fruchtbarkeit in den Überschwemmungsgebieten des Nils.

Bei der Neupflanzung von Bäumen wird Steinmehl an die Wurzeln gegeben. Auch bei der Schädlingsbekämpfung kann Steinmehl eingesetzt werden.

Die Gesteinsmehle enthalten viele Mineralstoffe und Spurenelemente in einem ausgewogenen Verhältnis. In den Boden gebracht, werden diese langsam verfügbar, das heißt, die Pflanze erhält allmählich durch die Aktivität des Bodenlebens die Stoffe, die sie für ihre Entwicklung benötigt.
Der hohe Kieselsäuregehalt von Gesteinsmehlen läßt Boden, Pflanze und Mensch gesunden, verleiht Stengeln Festigkeit, hilft (fein überstäubt) gegen Pilze und andere Schädlinge und erhöht die feinen Aromastoffe in Obst und Gemüse.

Anwendung

Bei Erdbeeren wird das Steinmehl direkt über die Pflanzen gestreut, bei der Neuanlage des Gartens flach in den Boden eingearbeitet.
Erbsen, Bohnen und Möhren: Auch hier wird das Steinmehl ebenfalls direkt über die Saat gestreut und anschließend mit Kompost bedeckt.Direkt an die Stauden gestreut wird das Steinmehl bei Stachel-, Johannis- und Himbeeren.
Bei der Neupflanzung von Bäumen und Sträuchern wird der Boden gut mit Steinmehl durchmischt und beim Pflanzen zusätzlich Steinmehl an die Wurzeln gegeben.

Steinmehl-Anwendung

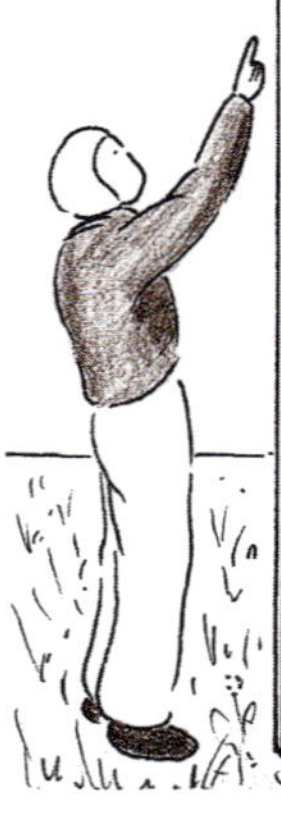

Zum Kompost:	*5 - 7 kg*	*je 100 kg Kompost*
	50 - 70 kg	*je t Kompostmasse*
Im Obstbau:	*10 - 15 kg*	*je 100 m² Fläche*
Zum Verstäuben:	*1 - 2 kg*	*je 100 m² Pflanzenbestand*
Zum Spritzen:	*0,3 kg*	*mit 10 l Wasser verrührt*
Im Stall:	*0,5 kg*	*täglich je GVE (Großvieheinheit)*
Aufs Grünland:	*ca. 1000 - 1200 kg*	*je ha und Jahr*
Für Getreide und Hackfrucht:	*ca. 800 - 1000 kg*	*je ha und Jahr*
Für Mais:	*ca. 1000 - 1200 kg*	*je ha und Jahr*
Im Gartenbau:	*15 kg*	*je 100 m²*

4. Gemüse – Planung und Anbau

Die meisten Gemüsepflanzen müssen aufgrund ihrer Stoffwechselausscheidungen, ihres Nährstoffbedarfs und der Schädlinge wegen jährlich den Platz wechseln. Um einen Fruchtwechsel ohne Fehler durchzuführen, ist ein Gartenplan mit nummerierten Beeten sinnvoll.
Für größere Gärten ist darüberhinaus ein Gartentagebuch zu empfehlen, in das z.B. eingetragen wird:

- Pflanz- und Aussaatdaten.
- Art der Bodenbearbeitung mit Datum.
- Düngung, Gründüngung, Mulchart mit Terminen.
- Pflegemaßnahmen wie Spritzungen mit Kräuterbrühen oder Stäuben mit Algenkalk.
- Auftretende Krankheiten und Schädlinge.
- Erfolge und Mißerfolge.
- Erntedaten und -menge.

Die klassische Fruchtfolge

Diese Art der Fruchtfolge wird in engem Zusammenhang mit Stark-, Mittel- und Schwachzehrern angewandt.
In der Praxis heißt das: auf frisch und stark gedüngtem Boden werden Starkzehrer als Hauptkultur angebaut. Dazu zählen alle Kohlarten sowie Kartoffeln, Gurken, Kürbisarten, Porree, Sellerie und Tomaten.
Im folgenden Jahr wird das Beet nur leicht gedüngt (Gründünger oder Reifkompost) und die Hauptkultur aus der Gruppe der Mittelzehrer gewählt. Dazu gehören Möhren, Fenchel, Knoblauch, Zwiebeln, Rote Rüben, Radieschen, Rettich, Salat, Spinat, Schwarzwurzeln und Kohlrabi.
Im dritten Jahr kommen bei schwacher Kompostdüngung (oder bei nährstoffreichem Boden ohne Düngung) Schwachzehrer als Hauptkultur an die Reihe: Erbsen, Buschbohnen und Kräuter.

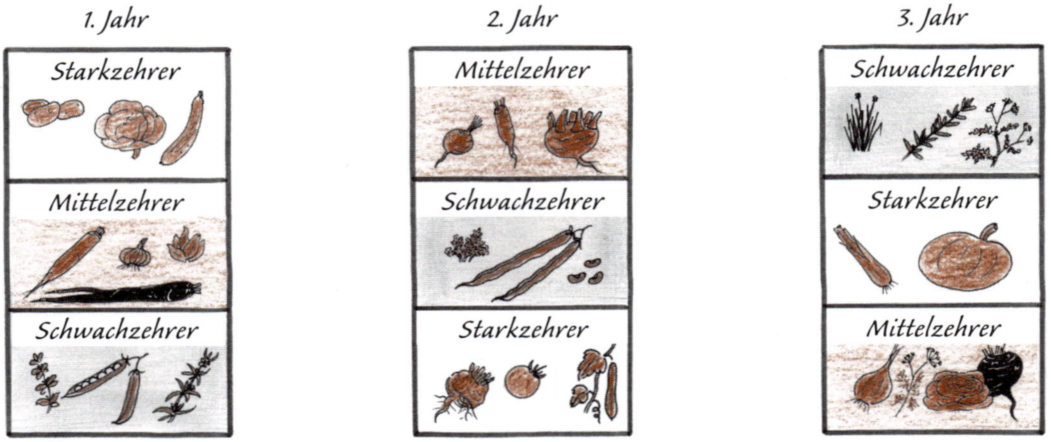

Haupt-, Zwischen-, Vor- und Nachkultur

Neben der Hauptkultur können platzsparend noch Zwischen-, Vor- und Nachkulturen eingeplant werden.
Bestimmend für den Anbauplan ist die Hauptfrucht mit ihrer Kulturdauer. Gartenneulinge sollten die Tabellen „Mischkultur nach dem Vorbild der Natur" (S. 59), „Kulturanweisung für die wichtigsten Gemüsearten"(S. 61 und 62) sowie „Saat-, Pflanz- und Erntezeiten für Gemüse" (S. 63 bis 65) zu Rate ziehen, um ihren Plan für die Aussaat-, Pflanzzeiten und Entwicklungsdauer erstellen zu können.
Anhand zweier Beispiele soll ein platzsparender Gemüseanbau vorgestellt werden:

Beispiel 1: Gurken als Hauptkultur

Gurken gehören zu den Starkzehrern. Die Mittelreihe des Beetes wurde im Herbst gut mit Kompost versehen. Den Stickstoff liefern die Ackerbohnen. Anfang März wird eine Reihe Ackerbohnen als Vorkultur (Gründünger) in die Beetmitte gelegt. Ende März bis Anfang April, je nach Witterung, werden die beiden äußeren Reihen mit den Vorkulturen Salat bzw. grünem Kohlrabi bepflanzt. Bevor die Gurken auf das Beet kommen, werden die Ackerbohnen entfernt. Ab 10. Mai können die Gurken (je 4 Stck. im Abstand von 20 cm) gelegt werden. Von den Gurken bleiben jeweils die beiden kräftigsten stehen.
Die Gurken wachsen zügig heran. Salat und Kohlrabi werden nach und nach geerntet und etwa Ende Juni beanspruchen die Gurken die ganze Breite des Beetes. In den letzten Julitagen werden die Gurken an einer Beetseite weggeschoben und eine Reihe Chinakohl als Nachkultur gesät.
Etwa Mitte August ist dann die Gurkenernte beendet und die Reste werden ausgerissen. Hier kann als Nachkultur vorgezogener Fenchel gepflanzt werden. Der inzwischen gekeimte Chinakohl wird auf den erforderlichen Pflanzenabstand ausgedünnt. Auf der anderen Beetseite läßt sich nun Zuckerhut pflanzen, so dass das Beet Anfang September wieder vollständig bewachsen ist. Zuckerhut verträgt Frost bis –6 °C.

Beispiel 1

Anfang Mai *Ende Juni* *Anfang September*

Salat Ackerbohnen Kohlrabi

Salat Gurken Kohlrabi

Chinakohl Fenchel Zuckerhutsalat

Beispiel 1 Günstig für gutes Planen ist folgender Zeitplan:
V = Vorkultur, **H** = Hauptkultur, **N** = Nachkultur

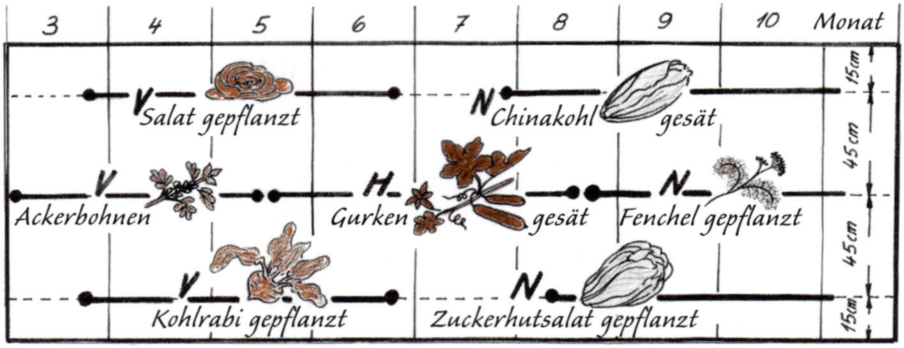

Beispiel 2: Spätkohl als Hauptkultur

Ende März werden als Vorkultur in die Mitte des Beetes Schalerbsen eingebracht und jeweis 10 cm vom Außenrand entfernt als weitere Vorkulturen Mairüben, Radieschen und Kresse gesät.
Ende April kommt die Hauptkultur aufs Beet: rechts und links der Erbsenreihe wird Weißkohl ausgesät. Dieser wächst geschützt zwischen den Reihen der Vorkulturen heran. Später wird der Kohl auf den richtigen Abstand vereinzelt. In die Kohlreihen können Anfang Juni einige Selleriepflanzen dazwischengepflanzt werden. Sellerie bietet Schutz vor Kohlweißlingen und anderen Schädlingen. Nach der Erbsenernte Ende Juni kann sich die Hauptkultur nun ausbreiten. Anfang August wird als Nachkultur Feldsalat in die Erde gebracht.

So oder so ähnlich lassen sich alle Beete planen. Experimentierfreudigen Gärtnern und Gärtnerinnen bieten sich hier unerschöpfliche Betätigungsfelder. Mit der Zeit entwickelt man ein Gespür dafür, was für den eigenen Garten passt.

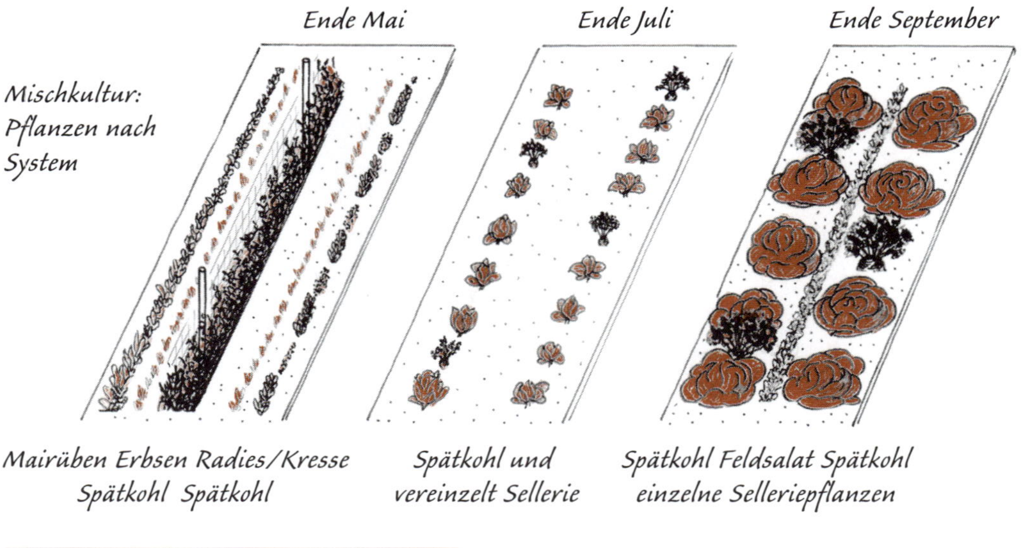

Beispiel 2 *Erbsen - Spätkohl*
V = Vorkultur, H = Hauptkultur, N = Nachkultur

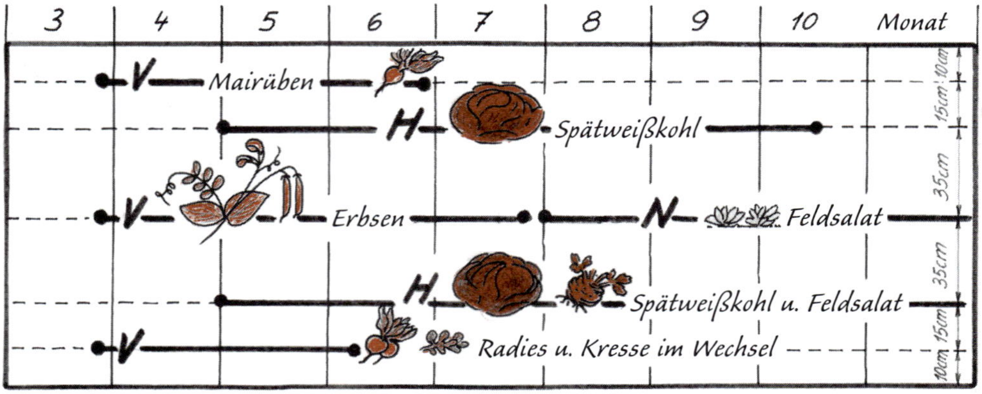

Phytonzide und Mischkultur

Als Phytonzide werden bestimmte biologische Wirkstoffe bezeichnet, die von allen Pflanzen gebildet und in Boden, Luft und Wasser wirksam werden. Es gibt einen ständigen Stoffaustausch zwischen verschiedenen Pflanzen, der je nach Nachbarschaft wachstumsfördernd, -hemmend oder neutral wirkt. Phytonzide lassen sich gezielt zum Pflanzenschutz und zur Wachstumsförderung einsetzen (siehe nebenstehende Mischkulturtabelle).
Die richtige Zusammenstellung der Pflanzen hat nicht nur erstaunliche Ertragssteigerungen zur Folge (bis zu 30%) , manche Phytonzide wirken auch auf Insekten, Bakterien und Pilze abwehrend, vereinzelt sogar toxisch.
Die Menge der Phytonzidbildung ist wiederum von der Gesundheit einer Pflanze abhängig, das heißt in der Praxis, je belebter und gesünder der Boden, desto deutlicher ist die Phytonzidwirkung.

Die Wurzeln sich gegenseitig anziehender Pflanzen wachsen ineinander

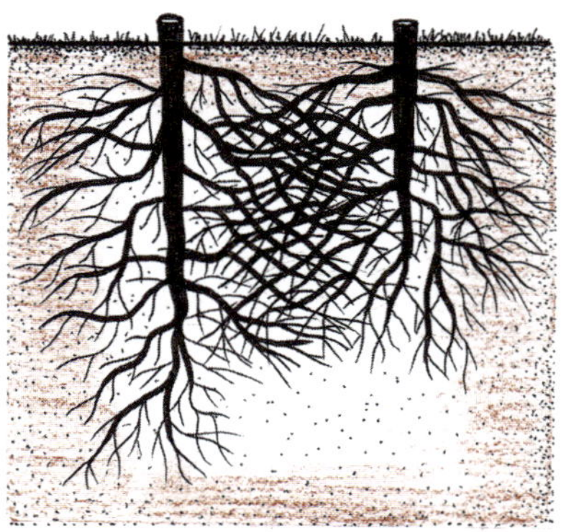

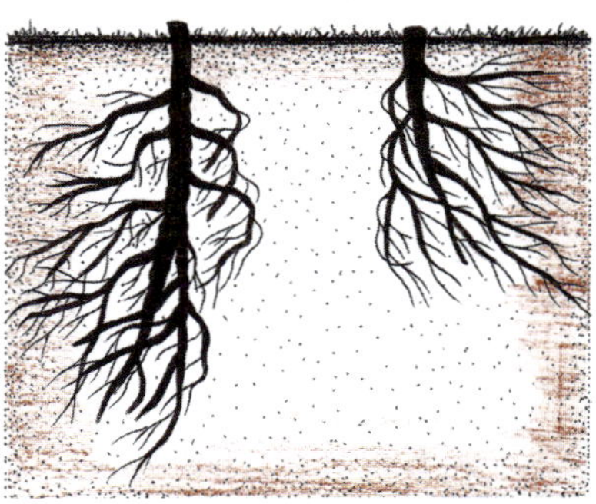

Wurzeln von Pflanzen, die sich nicht vertragen, streben auseinander

Mischkultur nach dem Vorbild der Natur

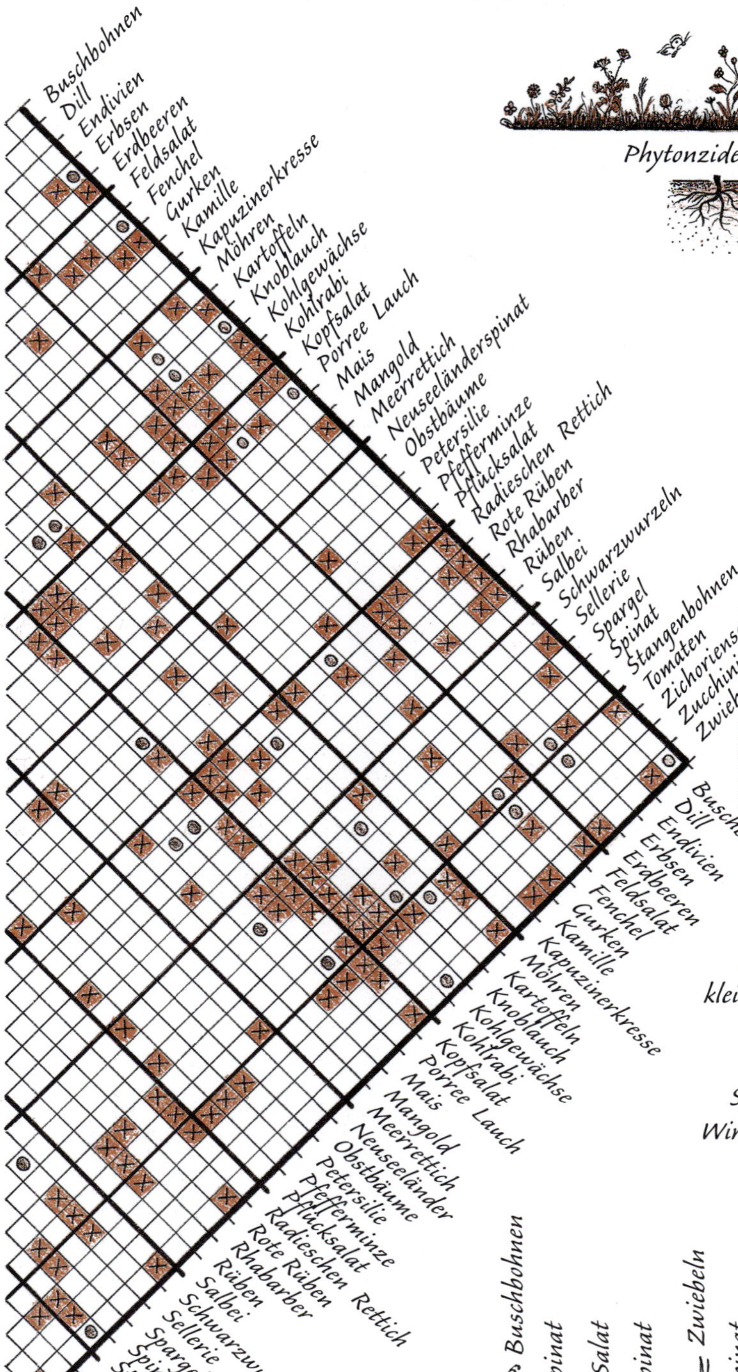

In der Mischkultur werden die Bodennährstoffe durch den Wechsel von Flach- und Tiefwurzlern besser ausgenutzt.

Der Wechsel von großen und kleinen Pflanzen ermöglicht eine bessere Ausnutzung des Sonnenlichts. Schädlinge, die auf bestimmte Wirtspflanzen spezialisiert sind, werden abgelenkt

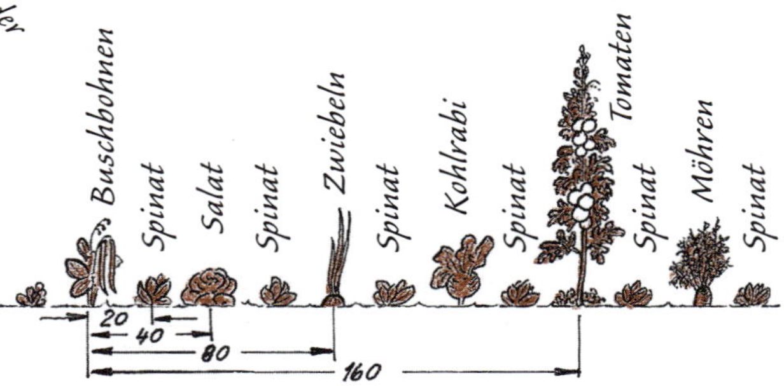

Beispiele guter Mischkultur-Nachbarschaften

Knoblauch wirkt durch seinen starken Geruch schädlings- und krankheitsabwehrend, insbesondere gegen Pilzbefall. Außer Erbsen, Bohnen und Kohlgewächsen vertragen ihn alle Gartenpflanzen

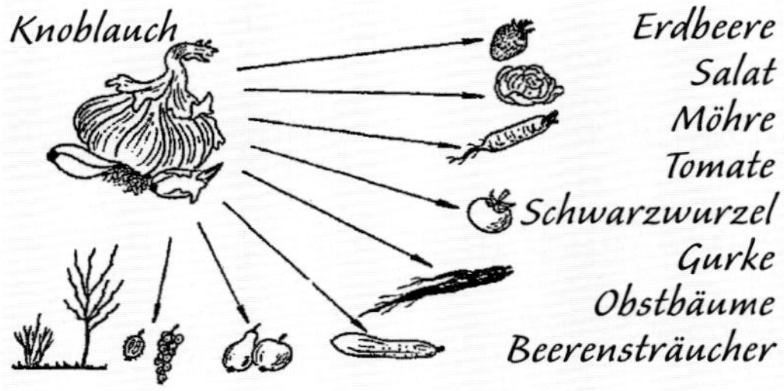

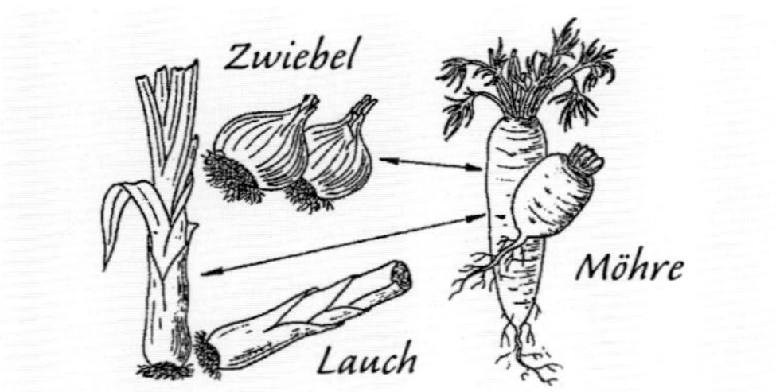

Gegenseitige Abwehr von Schadinsekten (Möhrenfliege, Zwiebelfliege)

Tomaten sind dank ihrer Duftausscheidungen ebenso wie Sellerie eine gute Abwehrpflanze und halten Schadinsekten fern. Kohl verhütet Sellerierost

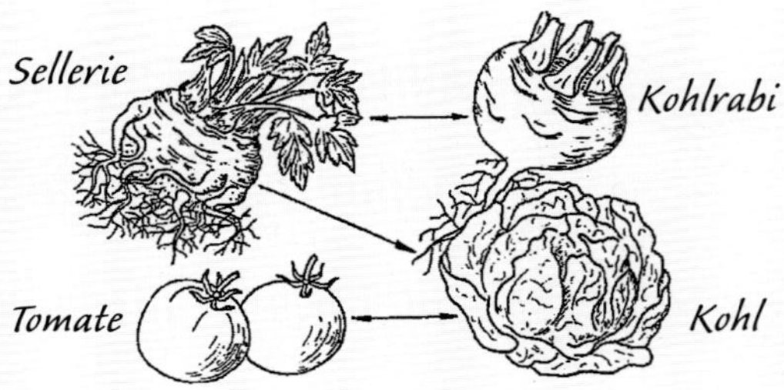

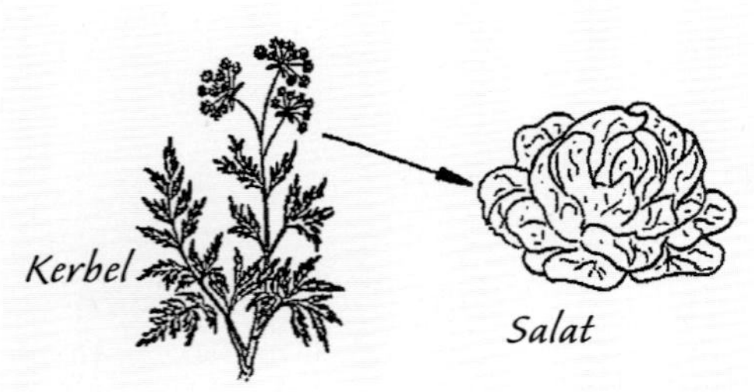

Der starke Geruch von Kerbel vertreibt Ameisen, wehrt Läuse und Mehltau ab.

Dill fördert die Keimfreudigkeit anderer Samen (Möhren!). Durch seine Geruchsausscheidungen bleiben Möhren, Rote Rüben, Gurken und Kohlarten gesund.

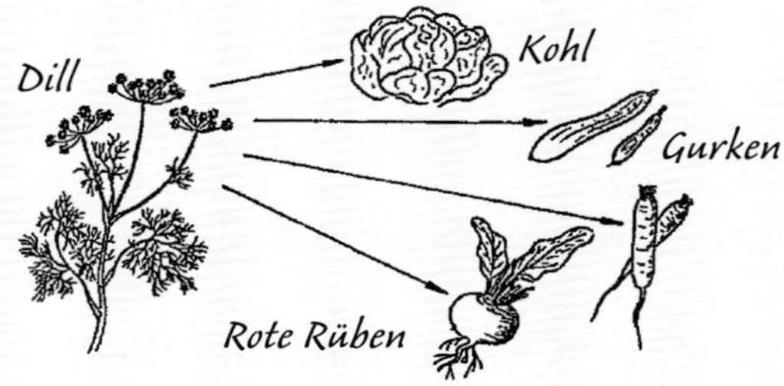

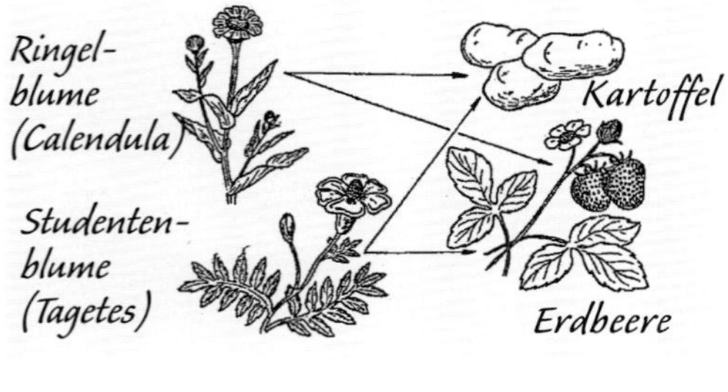

Studentenblume und Ringelblume dezimieren Nematoden in befallenen Böden.

Kulturanweisung für die wichtigsten Gemüsearten

Gemüseart	*B = Blatt, F = Frucht, W = Wurzel, (L) = Leguminose*	*Bodenanspruch*	*Reihenabstand in cm*	*Abstand in der Reihe in cm*	*Saattiefe in cm*	*Keimzeit in Tagen*	*Anzucht und Kultur*
Aubergine	F	M	50	30	2-3	15-18	Freiland nur im Weinklima, sonst im Tunnel
Buschbohnen	F (L)	Sch	40-50	40-50	3-4	4-12	Hacken, häufeln, mulchen, zu dicht stehende Pflanzen verein-
Puffbohnen	F (L)	Sch	50	20	5-6	10-14	zeln, 10 Körner um 1 Stange le-
Stangenbohnen	F (L)	M	80	50-60	4	4-12	gen
Chinakohl	B	St	40	30	3-4	3-10	Direktsaat vorteilhaft
Chicoree	W	M	30	15-20	4-6	5-12	Direktsaat, Wurzeln in Kisten eingraben, ab Januar antreiben
Eissalat	B	M	30	30-35	2	4-10	Sommersalat, schießt selten
Endivien	B	M	30-40	30	4-5	6-10	Direktsaat und Pflanzung
Erbsen	F (L)	Sch	6-14	5	3-4	6-14	Hohe Sorten an Reisig oder Draht
Feldsalat	B	Sch	10-15	dicht	1	8-14	Reihen- oder Breitsaat
Fenchel	B	St	40-50	25-30	1-2	15-25	Direktsaat, vereinzeln. hacken, häufeln
Gurken	F	St	100	30-35	5	5-10	Salatgurken im Tunnel
Kohlrabi	B	St	30-40	25-30	4-5	5-6	Frühbeet oder Direktsaat
Brokkoli	B	St	40-50	50	3-4	3-10	Frühbeet oder Freilandsaat,
Weißkohl	B	St	50	50	3-4	6-8	tief pflanzen, pH-Wert 7 nötig
Rotkohl	B	St	50	50	3-4	6-8	feucht halten;
Wirsingkohl	B	St	50	50	3-4	6-8	hacken, häufeln, mulchen, tief-
Blumenkohl	B	St	50	50	3-4	6-8	gründiger Gartenboden,
Rosenkohl	B	St	60	60	4-5	4	Kompostgaben, 5 jährlicher
Grünkohl	B	St	45	45	4-5	5 - 7	Fruchtwechsel erwünscht
Kohlrübe	W	M	50	40	4-6	4-7	Direktsaat vereinzeln
Kopfsalat	B	M	30	30	2	5-14	Früher im Tunnel, später Freilandsaat, flach pflanzen
Knollensellerie	W	St	40-45	40	4-5	15-25	Anzucht auf Fensterbank; Anfang April ins Frühbeet pikieren, flach pflanzen
Knoblauch	W	M	-	15	5	-	Humoser, nährstoffreicher Boden
Kresse	B	Sch	10	dicht	2-4	2-4	Nicht zu tief schneiden, wächst nach

Sch *= Schwachzehrer* ***M*** *= Mäßigzehrer* ***St*** *= Starkzehrer*

Kulturanweisung für die wichtigsten Gemüsearten

Gemüseart Blatt = B Frucht = F Wurzel = W Leguminose = (L)		Bodenanspruch	Reihenabstand in cm	Abstand in der Reihe in cm	Saattiefe in cm	Keimzeit in Tagen	Anzucht und Kultur
Kürbis	F	St	150	100	5-6	10	Nährstoffreicher humoser Boden, feucht halten
Mangold	B	M	25-30	40	3-4	8-14	Hacken, mulchen
Möhren	W	M	25	5-8	2	15-30	Markierungssaat mit Dill oder Radieschen
Neuseeländer-spinat	B	M	65	65	3	5-30	Vorkultur in Töpfen, schoßfest
Paprika	F	M	45	45	2-3	8-20	Vorkultur im warmen Frühbeet oder Gewächshaus
Pastinake	W	M	25-30	8-12	2	28-35	Kein Schädlingsbefall, winterhart
Porree	B	St	30	15	1-2	12-18	Hacken, häufeln, mulchen
Radieschen	W	Sch	10-15	5	1	5-8	Bei Trockenheit hacken und gießen
Rettich	W	M	10-15	10	4	4-10	Bei Trockenheit gießen, gegen Erdflohbefall Mischkultur, Salat und Spinat mit in die Reihen säen
Rote Rübe	W	M	20-25	15	3-4	9-14	Direktsaat, vereinzeln
Schnittsalat	B	M	10-15	dicht	2	5-14	Direktsaat, vereinzeln
Sellerie (Bleich)	B	St	35	20	4	15-25	Ab Mitte August bleichen
Schwarzwurzel	W	M	25-30	10	1	10-16	Direktsaat, winterhart
Spinat	B	M	20-25	dicht	3	5-14	Direktsaat, winterhart
Tomate	F	M	80	75	2-3	6-14	Vorkultur in Kästen, 2x pikieren, ab 15. Mai ins Freiland pflanzen
Zichoriensalat	B	M	25-30	10	2	3	Direktsaat, vereinzeln, hacken, frosthart bis -5 °C
Zuckermais	F	St	40	15-20	3	14	Direktsaat, Ernte, wenn die herausragenden Staubgefäße schwarz werden
Zucchini	F	St	100	80	4	10	Direktsaat
Zwiebel	W	M	20-30	5	1-2	10-25	Direktsaat oder Steckzwiebeln

Sch *= Schwachzehrer* ***M*** *= Mäßigzehrer* ***St*** *= Starkzehrer*

Saat-, Pflanz- und Erntezeiten für Gemüse

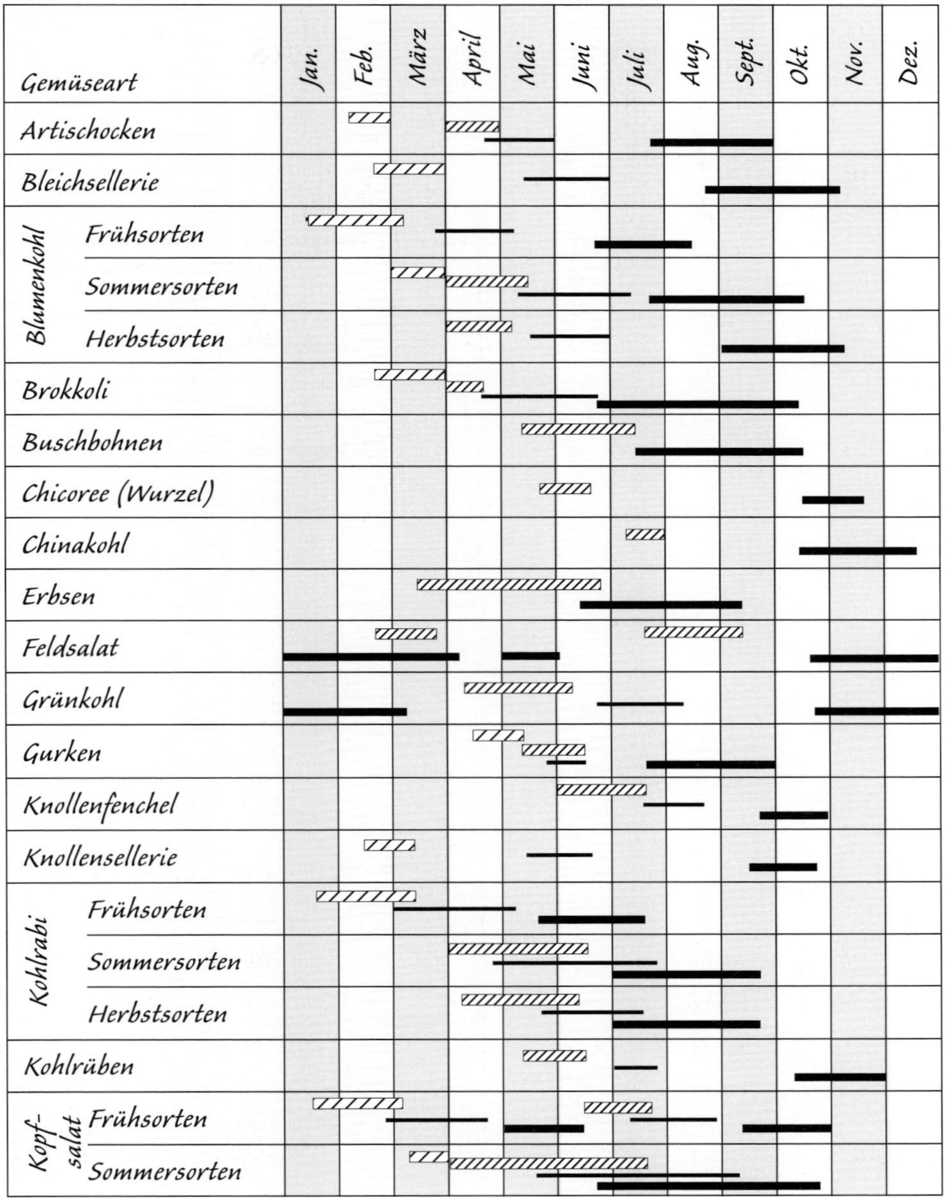

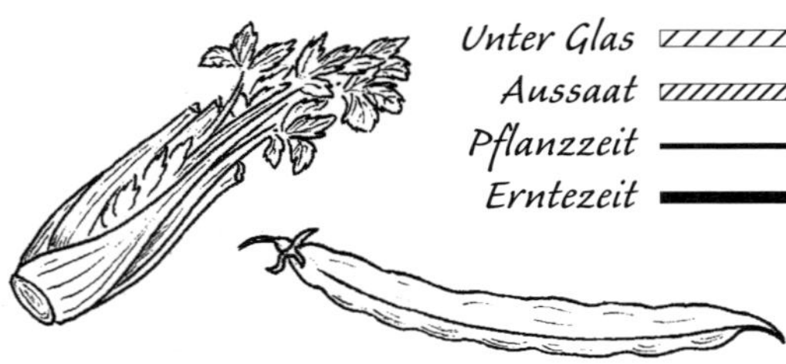

Saat-, Pflanz- und Erntezeiten für Gemüse

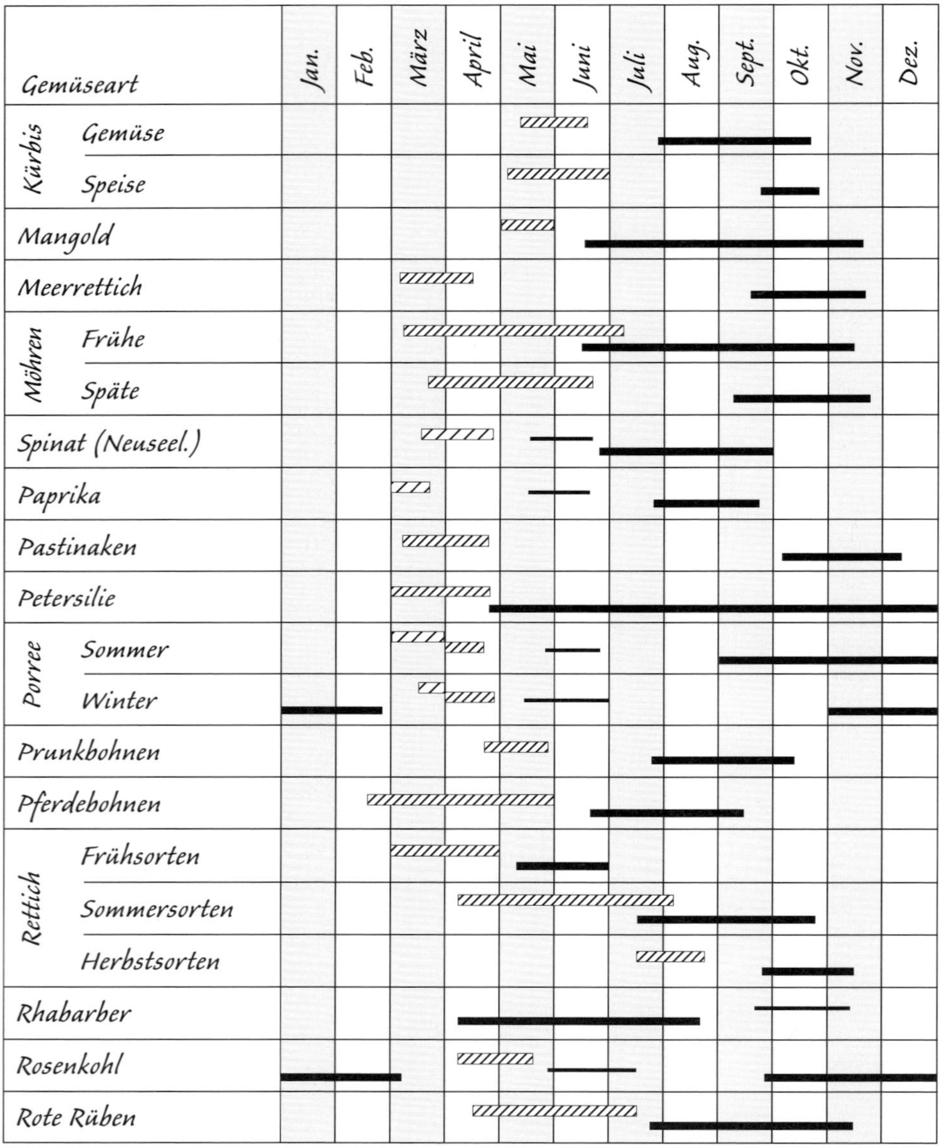

Unter Glas
Aussaat
Pflanzzeit
Erntezeit

Saat-, Pflanz- und Erntezeiten für Gemüse

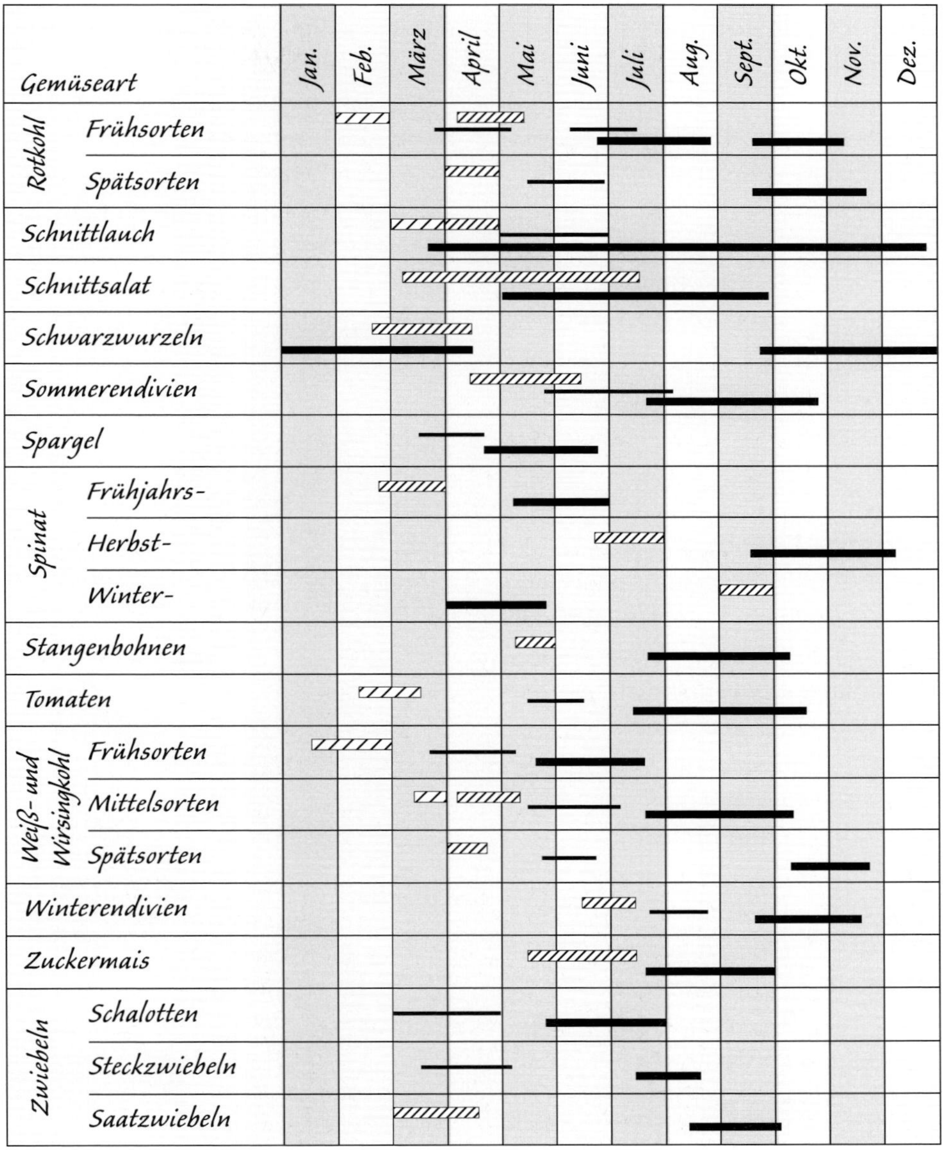

Unter Glas
Aussaat
Pflanzzeit
Erntezeit

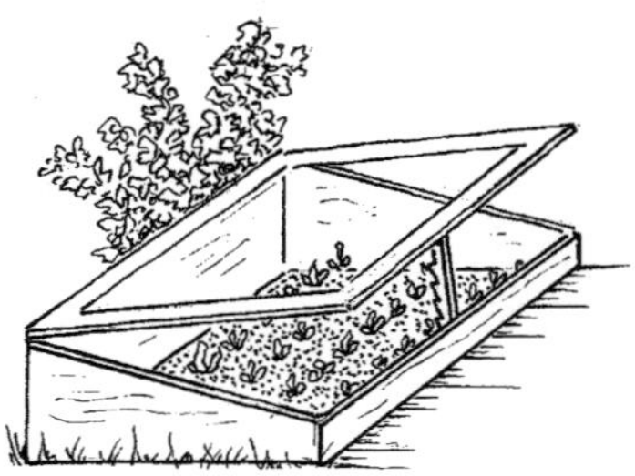

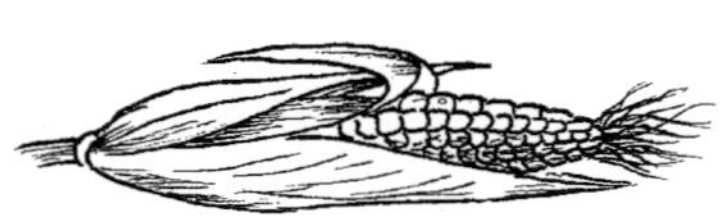

Der Gemüseanbau

Nicht nur der richtige Boden, die gute Pflege und ähnliches mehr, sondern schon die Auswahl der Sorten beim Samenkauf ist für den biologischen Anbau wichtig. Jahrzehntelang bewährte, womöglich an das örtliche Klima angepasste Sorten sollten vorrangig zum Einsatz kommen. Hybridzüchtungen sind für den biologischen Anbau, der die Pflanze nicht direkt, sondern über den Umweg des Bodenlebens ernährt, nicht gut geeignet und sollten nur ausnahmsweise verwendet werden.

Jeder Garten ist einzigartig, und so kann es durchaus möglich sein, dass beim Nachbarn wächst, was hier nicht gelingen will. Doch mit Geduld und Neugierde wird jede/r GärtnerIn den eigenen kleinen Kosmos erfolgreich bewirtschaften und mit Freude der Ernte entgegensehen.

Vielfältige Salate

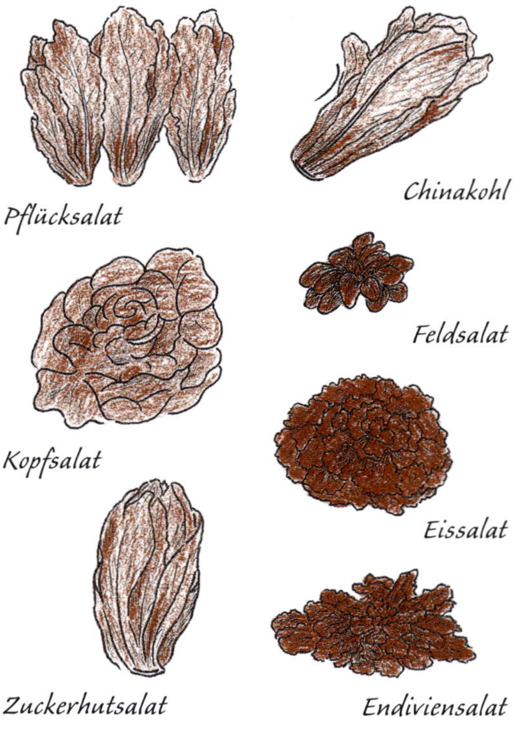

Bei geschickter Planung läßt sich fast das ganze Jahr über frischer Blattsalat ernten. Alle Salate benötigen humosen, gedüngten und feuchten Boden. Wegen der kurzen Kulturdauer eignet sich Salat gut für die Vor-, Nach- und Zwischenkultur.

Schnitt- und Pflücksalat entwickelt sich schneller als Kopfsalat. Sein geringer Platzbedarf macht ihn für jede noch so kleine Lücke geeignet.

Beim Kopfsalat wird unterschieden zwischen Langtagssorten für den Frühjahrs- und Herbstanbau und Sommersorten, die nicht so schnell schießen. Eisbergsalat hat eine längere Entwicklungszeit als andere Arten und eignet sich für den Sommeranbau.

Winter-Endivien und Zuckerhutsalat kommen Ende Juli ins Beet. Beide schmecken leicht bitter und sind, leicht abgedeckt, frosthart bis -6° C.

Chinakohl findet roh als Salat und gedünstet als Gemüse Verwendung.

Als letzter im Jahr (Ende August bis Anfang September) wird der Acker- oder Feldsalat gesät. Er braucht keine Reihen und kann breitwürfig überall, wo schon Platz ist, ausgesät werden. Bis zur Blüte im Frühjahr kann er frisch geschnitten werden. Feldsalat samt sich von allein aus, wenn er sich selbst überlassen wird.

Spinat

Spinat benötigt nur geringe Kompostgaben, er neigt dazu, Nitrat anzureichern und sollte deshalb nur mäßig gedüngt werden. Im Sommer schießt er schnell in die Höhe. Eine frühe Aussaat im März-April und eine zweite im August lassen zwei Ernten im Jahr zu.

Spinat

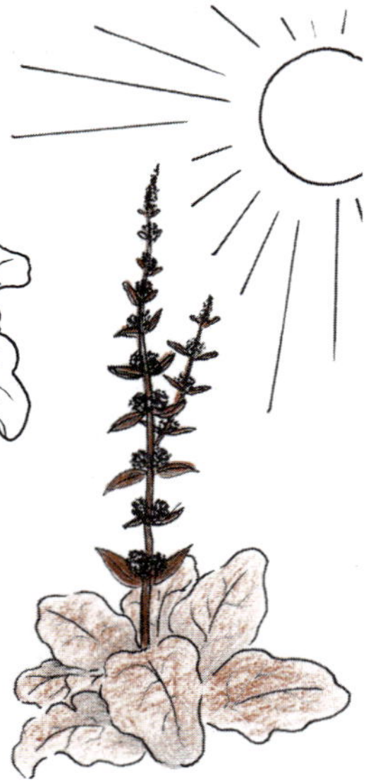

Spinat schießt schnell in die Höhe

Mangold

Es gibt zwei Arten: den Blattmangold und den Rippenmangold. Blattmangold ist im Geschmack dem Spinat ähnlich und kann im Sommer als Spinatgemüse angebaut werden. Vom Rippenmangold sind es die breiten Blattstiele, die geerntet werden. Eine späte Aussaat im Juli kann über den Winter auf dem Beet verbleiben und bringt frühe Ernte. Mangold ist anfällig für Mehltau und darf deshalb nicht zu eng stehen. Geerntet werden immer die äußeren Blätter, die inneren bleiben stehen und wachsen ständig nach.

Mangold-Ernte

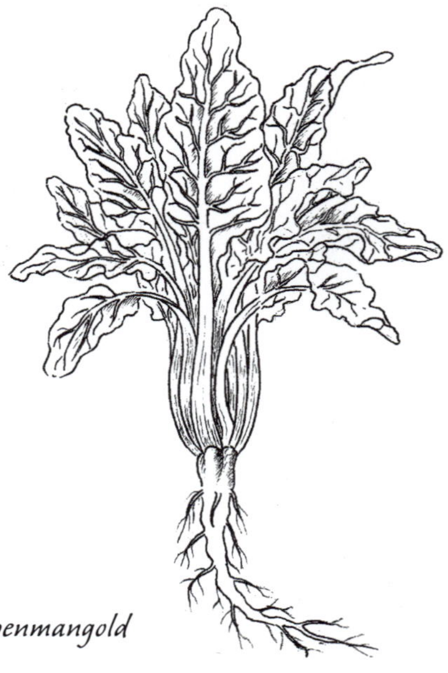

Rippenmangold

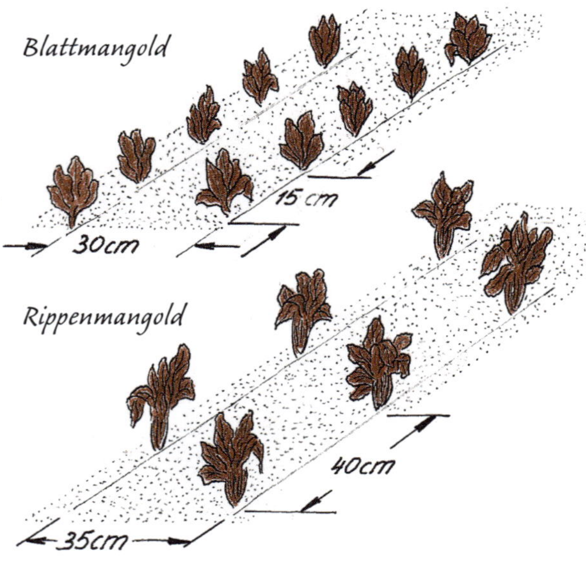

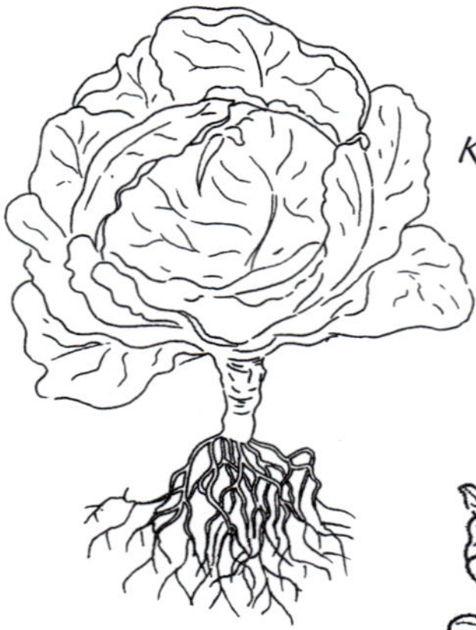

Kohlpflanze

Rosenkohl

Grünkohl

Kopfkohl

Kohl

Vielseitige Pflanzenfamilie, zu der Blumen-, Rosen-, Grün- und Kopfkohl sowie Brokkoli gehören (Kohlrabi wird wegen anderer Ansprüche später behandelt).
Vor allem Weiß- und Rotkohl haben durch ihren Gehalt an Senföl und schwefelhaltigen Aminosäuren eine schwach antibiotische Wirkung. Der hohe Kaliumgehalt wirkt entwässernd.
Alle Kohlarten benötigen einen tiefgelockerten, humus- und nährstoffreichen Boden mit einem pH-Wert von 7. Früh-, Grün- und Wirsingkohl sind ein wenig bescheidener im Nährstoffbedarf.
Kohl benötigt viel Feuchtigkeit, Platz und Licht.
Ein Abstand von vier Jahren in der Fruchtfolge sollte möglichst eingehalten werden. Brennnesseljauche, Schachtelhalmbrühe und Algenpräparate haben sich bei der Aufzucht gut bewährt. Eine Vorkultur im Frühbeet oder auf der Fensterbank (siehe Seite 25) bringt frühere Ernten. Am besten stehen die jungen Pflanzen in Einzeltöpfen.

Kohlweißling

Puppe

Raupe

Eier auf der Blattunterseite

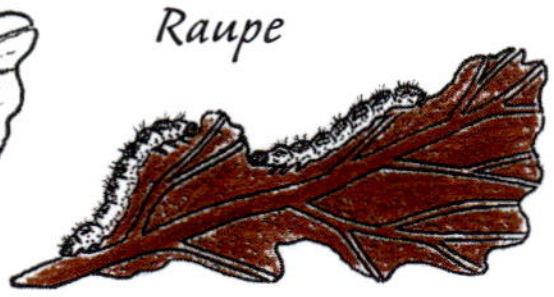

Fraßbild

Schädlinge und Krankheiten

Kohlweißling (Pieris brassicae)

Der Schmetterling legt seine Eier auf die Unterseite der Blätter von Kohl, anderen Kreuzblütlern und gerne auch auf Kapuzinerkresse. Eiablage ist im April bis Juni und Juli/August. Bei starkem Befall richten die Raupen große Schäden an.
Maßnahmen:

- Nützlinge, vor allem Schlupfwespen fördern.
- Raupen absammeln und vernichten.

- Mischkultur mit Tomate oder Sellerie.
- Spritzen mit stark duftenden Kräuterauszügen (Wermut, Rainfarn, Tomatenblätter).

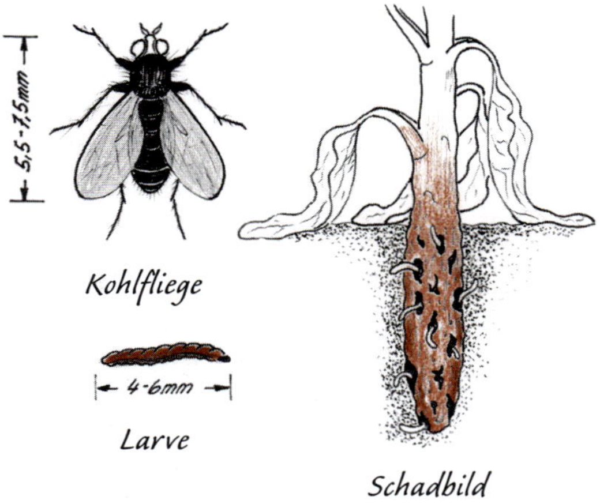

Kohlfliege (Delia brassicae)

Die kleine Fliege legt ihre Eier erstmalig im April/Mai am Wurzelhals von Kohl, sowie Rettich und Rüben ab. Jährlich sind 2-3 Generationen möglich. Die Larven fressen am Wurzelhals, die Blätter der Pflanzen verfärben sich bleigrau und die Pflanze kann absterben. Maßnahmen:

- Setzlinge tief setzen.
- Kohlkragen aus Pappe, Steinmehl-Rainfarntee-Brei (dick anrühren und festtrocknen lassen).
- Sonst wie bei Kohlweißling.

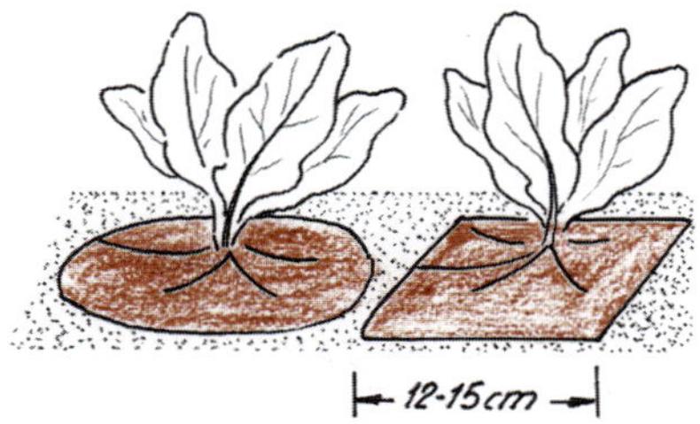

Pappkragen als Abwehrmaßnahme gegen die Kohlfliege

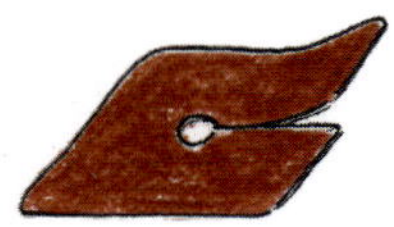

Kohlgallenrüßler (Ceuthorrhynchus pleurostigma)

Der kleine Käfer frisst im Frühjahr Löcher in den unteren Stängelbereich und legt seine Eier dort hinein. Um die Eier wächst eine Galle, oft mehrere pro Pflanze. Die Larve verlässt die Pflanze und verpuppt sich im Boden. Obwohl der Schaden meist gering ist, kann die Pflanze bei starkem Befall absterben.
Maßnahmen:

- Befallene Setzlinge (beginnende Gallenbildung) aussortieren.
- Einzelne Gallen auskneifen.
- Mit stark duftenden Kräutern mulchen.
- Einen engen Kohlkragen aus Brei um die Pflanzen legen.

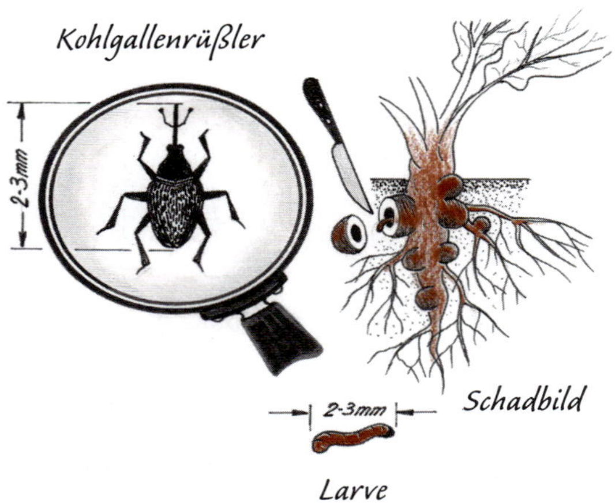

Kohlhernie (Plasmodiophora brassicae)

Diese Schleimpilze leben im Boden. Sie befallen die Wurzeln aller Kreuzblütler und lassen diese krebsartig wuchern. Verfaulen die Wucherungen, gelangen die Sporen wieder in den Boden. In verseuchten, kalkarmen Böden sollte deshalb nur im Abstand von 5 Jahren Kohl angepflanzt werden. Maßnahmen:

- Boden gut lüften und kalken (pH-Wert 7 bis 7,5).
- Setzlinge zur Stärkung 10 Minuten in Schachtelhalmbad oder andere pflanzenstärkende Mittel legen.
- Kohlpflanzen mit verdünnter Kohlblattjauche gießen.
- Pflanzen öfter zur allgemeinen Stärkung mit Schachtelhalmbrühe o. a. spritzen.
- Befallene Pflanzen sofort ausgraben und vernichten.

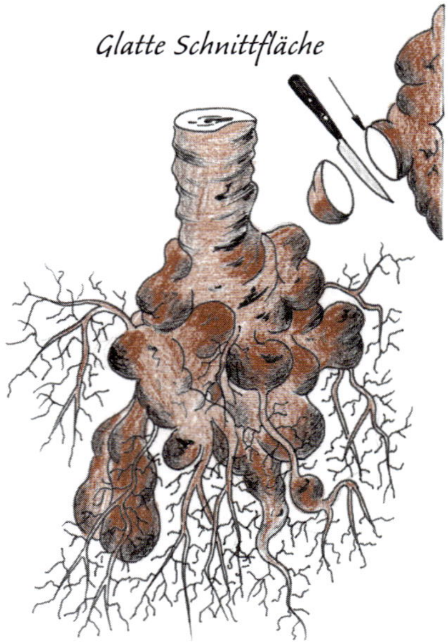

Pilzkrankheit Kohlhernie

Kohlrabi

Geplatzter Kohlrabi: Folge von extremen Witterungsbedingungen

Bei Kohlrabi auf gleichmäßige Feuchtigkeit achten

Kohlrabi

Besonders mineralstoff- und vitaminreich sind die Blätter von Kohlrabi, sie enthalten dreimal so viele wertvolle Inhaltsstoffe wie die Knollen.

Kohlrabi gedeiht auf fast jedem Boden bei mäßiger Düngung und eignet sich gut als Vor-, Zwischen- oder Nachkultur.

Ebenso wie bei Salat sind Folgesaaten in kleinen Mengen und im Abstand von etwa 14 Tagen sinnvoll, um ständig Pflanzen für Beetlücken zur Verfügung zu haben.

Weißer Kohlrabi entwickelt sich schneller, ist bei Witterungsschwankungen aber anfälliger als die blauen Sorten.

Große Temperatur- und Feuchtigkeitsschwankungen führen zum Platzen und Holzigwerden der Knollen.

Viele Schädlinge der Kohlpflanzen befallen auch den Kohlrabi.

Rettich, Radieschen und Mairüben

Die schwefelhaltigen Öle im Rettich haben eine leicht antibiotische Wirkung. Die Pflanzen benötigen humusreichen, aber nicht frisch gedüngten Boden. Unterschieden werden Treib-, Sommer- und Herbstrettich. Alle Sorten sind gut als Vor-, Zwischen- oder Nachkultur und in Mischkultur anzubauen.
Radieschen sind rund oder zylinderförmig. Sie benötigen viel Sonne und eine gleichmäßige Feuchtigkeit. Wie keine andere Gemüseart sind Radieschen wegen der im Sommer nur vierwöchigen Entwicklungszeit als Lückenfüller geeignet. Wichtig für die Sommersaat ist, Sommersorten zu wählen.
Weniger bekannt ist die Mairübe. Maximal tennisballgroß werden die weißen, runden Rüben. Sie liefern früh im Jahr zartes Gemüse und schmecken auch roh sehr lecker.

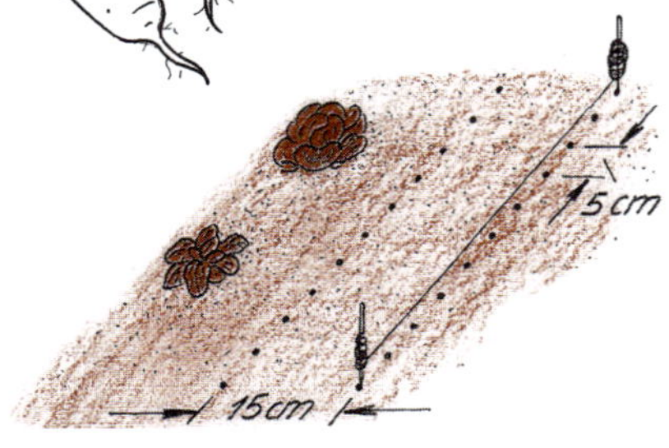

Radieschen und Rettich leiden unter Erdflohbefall. Er lässt sich mindern, wenn etwas Salat oder Spinat mit in die Reihe oder in die Nähe gesät wird. Außerdem ist es hilfreich, den Boden zu hacken, bei Trockenheit zu gießen und zu mulchen.

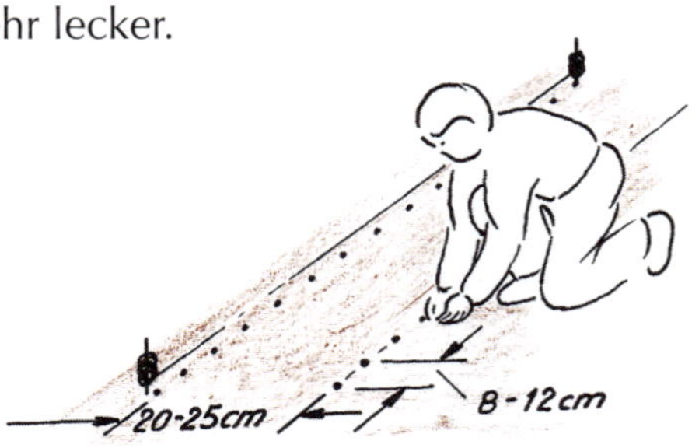

Sellerie

Sellerie wirkt entwässernd. Seine wertvollen Blätter sollten unbedingt mitgegessen werden. Sellerie gibt es als Bleich- und Knollensellerie. Er braucht reichlich Kali und Stickstoff. Der Boden muss gut mit Kompost und Steinmehl versorgt sein. Viel Feuchtigkeit und eine zusätzliche Kalidüngung in Form von Holzasche lassen dieses Gemüse gut gedeihen. Sellerie ist ein Flachwurzler. Er darf deshalb nicht tief gepflanzt und ab Juli nicht mehr gehackt werden. Sellerie sollte so spät wie

möglich geerntet werden. Er verträgt leichte Nachtfröste.
Sellerieschorf: Bei sehr nassem Wetter bekommen die Knollen zuweilen rötlichbraune Flecke. Die Schale wird rau und rissig. Fäulnispilze können in die Knolle eindringen und sie zum Verfaulen bringen. Gesunde Anzuchterde und Fruchtwechsel wirken vorbeugend.
Blattfleckenkrankheit: Auf den Blättern werden helle bis braune Flecken sichtbar. Das Blatt kräuselt sich und beginnt zu trocknen. Alle Pflanzenteile oberhalb der Befallsstelle sterben ab. Die Knolle bleibt klein.
Beiden Pilzkrankheiten kann mit Pflanzenstärkungsmitteln, z.B. SPS (Bezug siehe Anhang) oder Schachtelhalmbrühe (siehe S. 132/133), vorgebeugt werden.

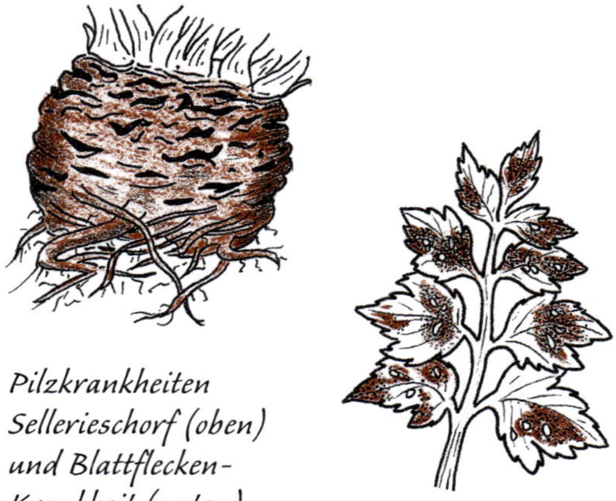

Pilzkrankheiten Sellerieschorf (oben) und Blattflecken-Krankheit (unten)

Möhren

Möhren gedeihen besonders gut auf Lehm-, aber auch auf humosen Sandböden. Schwere Böden dürfen nicht zu stark gedüngt werden. Der Kalibedarf von Möhren ist sehr hoch und kann gut mit Holzasche gedeckt werden. Da Kali keimhemmend wirkt, wird die Holzasche erst ab einer Wuchshöhe der Pflanzen von 4 cm gegeben. Eine gute Lockerung vor der Aussaat ist wichtig. Da Möhren eine lange Auflaufzeit haben, ist zum besseren Erkennen der Möhrenreihen eine Markierungssaat mit Radieschen sinnvoll. Im Handel sind von frühen Sorten, die bereits im Juli geerntet werden können, bis hin zu den Lagermöhren, die ruhig bis zu den ersten Nachtfrösten stehen sollen, viele Sorten in unterschiedlichen Wuchsformen erhältlich.

Möhrenfliege (Psila rosea)

Der häufigste Möhrenschädling ist die Möhrenfliege. Zwei Generationen fliegen im Jahr, die erste von April bis Juli und die zweite ab Ende August. Gefährdet sind besonders Bestände in windstillen Lagen und Beete, die mit frischem Mist oder Jauche gedüngt wurden. Auch das Vereinzeln im Mai bis Juni fördert den Befall (die Fliege legt ihre Eier in die entstandenen Erdlöcher).

Maßnahmen:

- Weite Fruchtfolgen.
- Windige Lagen bevorzugen.
- Stark riechende Kräuter, wie Rainfarn, Dill, Lavendel oder Farnkraut zwischen die Reihen streuen.
- Zweimal wöchentlich mit Zwiebel- oder Knoblauchbrühe überbrausen.
- Mischkultur mit Zwiebeln, Lauch oder Knoblauch.

Zwiebeln

Zwiebeln wirken im Magen-Darm-Bereich entzündungshemmend. Sie beugen Altersbeschwerden vor und sind wirksam bei Arteriosklerose. Diese Heilkräfte finden sich beim Knoblauch in noch höherem Maße.

Zwiebeln gedeihen am besten auf lehmigen Böden. Sie werden in der Fruchtfolge als Mäßigzehrer eingeordnet und vertragen keinen frischen Dünger. Steckzwiebeln werden größer als Saatzwiebeln. Sie sollten vor dem Stecken 24 Stunden in Regenwasser quellen, dann „springen" sie nicht so leicht wieder heraus. Sollen die Zwiebeln Ende Juli bis Anfang August zum Ausreifen angeregt werden, können die Pflanzen mit der Grabegabel leicht angehoben werden, was die Wasserzufuhr vermindert. Geerntete Zwiebeln bleiben, wenn es das Wetter erlaubt, am besten noch einige Tage auf dem Beet liegen.

Zwiebelfliege (Hylemya antiqua)

Die Zwiebelfliege legt ihre Eier am Grund der Zwiebel ab. Die Maden fressen sich in die Zwiebel ein. Nach drei Wochen erfolgt die Verpuppung im Erdreich. Eine 2. Generation frisst sich ab Juli/August vom Boden her in die Zwiebel ein. Meist folgt eine Fäulnis verursachende Bakterienkrankheit nach. Auch Lauch und Knoblauch können befallen werden. Maßnahmen:

- Zwiebeln mit Algenkalk oder Gesteinsmehl bestäuben.
- Keine frische Düngung mit Mist oder Jauche.

Zwiebelsaat muss festgeklopft oder -getreten werden

- Zweimal wöchentlich mit stark riechenden Kräutern gießen.
- Mischkultur mit Möhren.

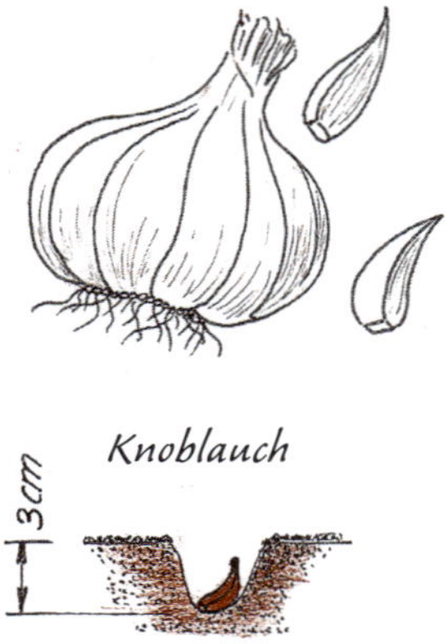

Knoblauch

Porree

Knoblauch

Der gesundheitliche Wert von Knoblauch ist sehr hoch (siehe Zwiebel). Knoblauch kann zu Speisezwecken und zur Schädlingsabwehr angebaut werden. Außer Bohnen und Kohl mögen ihn alle Gartenpflanzen in ihrer Nähe; er schützt vor Insekten und Pilzbefall.
Knoblauch benötigt einen humosen, nährstoffreichen Boden. Die Zehen werden einzeln in den Boden gesteckt. Hier im Norden werden die Knollen nicht so groß wie in südlichen Ländern, sind geschmacklich aber ebenso gut.

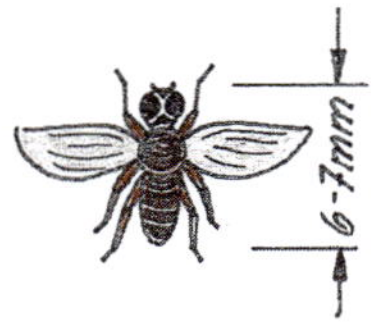

Zwiebelfliege
Flugzeit ab Mitte
April und im Mai

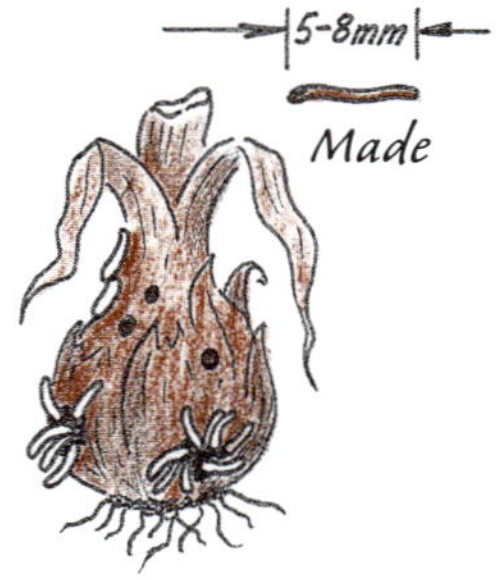

Madenfraß an der Zwiebel

Porree (Lauch)

Porree regt den Stoffwechsel und die Ausscheidung an. Er benötigt einen nährstoffreichen Boden, besonders Kali. Es gibt Sommer- und Winterporree.
Porree wird mit Vorteil in Rillen gesetzt, die mit der Zeit vollschlämmen. Er kann noch bis Ende September angehäufelt werden. Diese Maßnahmen bringen einen langen Schaft. Blattspitzen sollen beim Pflanzen nicht, Wurzelenden nur wenig gekürzt werden.

Lauchmotte (Acrolepiopsis assectella)

Die erste Generation der Lauchmotte fliegt im Mai, die zweite im Juli-August. Die Raupe frisst sich von den Blattspitzen abwärts in den Schaft, dies kann zum Absterben der ganzen Pflanze führen.

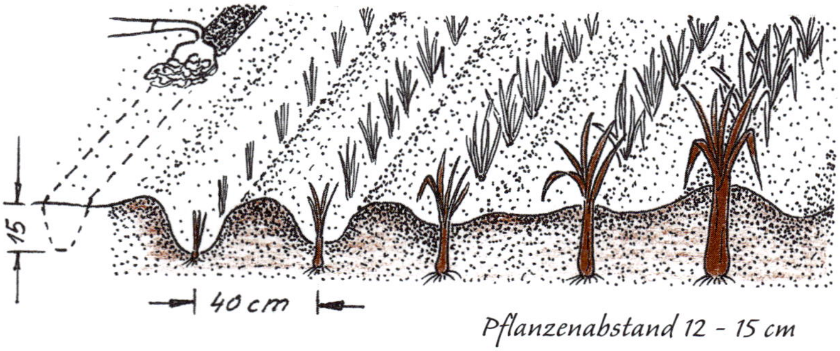

Pflanzenabstand 12 - 15 cm

Porree wird in Rillen gesetzt (die mit der Zeit vollschlämmen) und kann bis Ende September angehäufelt werden. Auf diese Weise entsteht ein langer Schaft. Blattspitzen beim Pflanzen nicht, Wurzelenden nur wenig kürzen, weil der Ertrag sonst leidet.

Maßnahmen:
- Mischkultur mit Möhren oder Sellerie.
- Windoffene Lagen bevorzugen.
- Schachtelhalmbrühe zur Stärkung gießen.
- Bei frühzeitigem Erkennen haben sich die Raupen noch nicht tief in den Schaft gefressen. Ein starkes Einkürzen der Blätter entfernt die Raupe mit.
- Einzelne Raupen können mit der Hand zerdrückt werden.

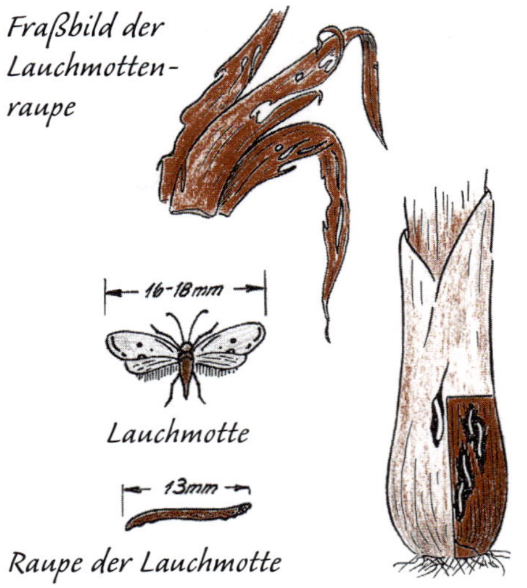

Gurken

Gurken sind wassertreibend, entschlackend und harnsäurelösend.
Wie Kürbis und Zucchini lieben auch Gurken leicht erwärmbare, humose Böden, brauchen aber nur mäßige Stickstoffdüngung. In schweren Böden stehen die Pflanzen gut auf kleinen Hügeln oder Wällen, in sandigen Böden sind Kuhlen oder Rillen vorteilhaft.
Gurken mögen es windgeschützt. Zwischen zwei weiten Reihen Stangenbohnen in Nord-Süd-Richtung sind sie gut untergebracht und bekommen ausreichend Sonne.

Gelochter Eimer

Gurkenblätter, -stängel und -früchte sollten nicht mit Gießwasser in Berührung kommen. Hilfreich ist, ein 5 l-Kunststoffbehälter mit Löchern zu versehen und zu 90% in den Boden einzugraben. In kompostangereicherter Erde um den Eimer werden ca. 10 Gurkenkerne oder 6 vorgezogene Pflanzen gesetzt. Bei Trockenheit wird in den Eimer Regen- oder gut abgestandenes Leitungswasser (Gurken sind chlorempfindlich) gegossen.

Gurken können am Spalier oder Draht in die Höhe gezogen werden.
Dies ist besonders für Schlangengurken (Pflanzen im Frühbeet vorgezogen) zu empfehlen, weil die Früchte hängend besser geraten. Auch Gurken der Sorte Delikatess eignen sich dafür.

Gurkenblüten

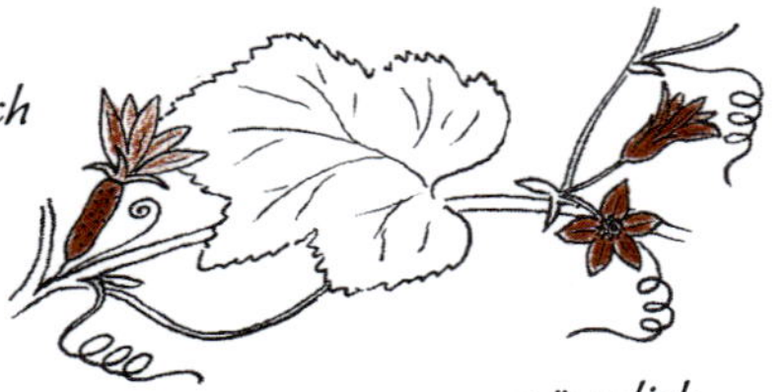

Gurken benötigen viel Wasser, aber nicht auf Früchte und Blätter. Ein eingegrabener Blumentopf oder durchlöcherter Eimer tut hier gute Dienste (s. S. 75). Für die flachen Wurzeln ist Hacken ungünstig. Mulch hält den Boden locker.
Wachsen Gurken am Spalier, geraten die Früchte besser, besonders die Salatgurken.
Gegen Ende des Sommers bekommen Gurken oft Mehltau. Allgemein pflanzenstärkende Maßnahmen beugen vor. Der Schaden ist aber umso geringer, je später der Mehltau auftritt.

Kürbis und Zucchini

Die Herkunft aus Südamerika bzw. Südeuropa deutet schon darauf hin, dass beide Pflanzenarten viel Wärme und Sonne brauchen. Humose Böden und reichlich Feuchtigkeit sorgen für ein gutes Wachstum.
Alle Kürbisarten benötigen viel Stickstoff, Kali und Phosphor. Darum kommt außer Kompost auch Holzasche ins Beet. Die Ansprüche von Zucchini sind geringer, sie gedeihen in jedem gewöhnlichen Gartenboden.
Außer dem riesigen Kürbis, der gut ausgereift bis zu zwei Monate im kühlen Keller lagern kann, gibt es etliche Varietäten. Zu nennen wären Muskatkürbis, Spaghettikürbis, Squash und der schmackhafte Hokkaido. Diese Sommerkürbisse werden, genau wie Zucchini, un- bis halbreif geerntet. Sie brauchen nicht geschält zu werden. Je kleiner, desto zarter ist ihr Fruchtfleisch. Das gilt ganz besonders für Zucchini.
Wegen der hierzulande oft kurzen Sommer ist eine Vorkultur ab Ende April in Einzeltöpfen oder Kisten sinnvoll (siehe S. 24/25). Dies kommt den Erträgen zugute.

Kürbis

Fenchel

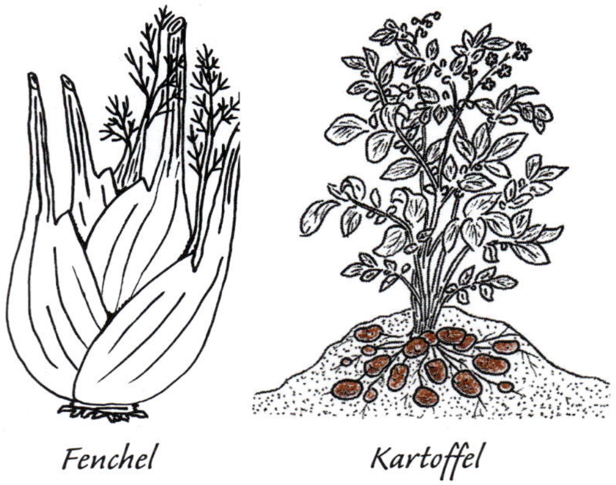

Fenchel wirkt positiv auf die Verdauungsorgane. Die verdickten Blattstiele bilden die eßbare Knolle und die feingefiederten Blätter dienen als Würze. Tiefgründiger, sandiger Lehmboden ist ideal. Gedüngt wird nur mäßig und keinesfalls mit frischem Dünger. Trockenheit verträgt Fenchel nicht.
Fenchel gedeiht am besten im warmen Klima mit spätem Herbstbeginn. Temperaturen unter 15°C bekommen ihm nicht. Werden die Knollen gegen Ende der Kulturzeit angehäufelt, bleichen die äußeren Blätter, was die Qualität verbessert. In der Fruchtfolge sollte er nicht nach Möhren, Pastinaken oder Sellerie stehen.

Kartoffeln

Für kleine Gärten sind, wenn überhaupt, Frühkartoffeln zu empfehlen. Sie lassen sich reihenweise in die Mischkultur einplanen. Nach der Ernte kann noch eine Nachkultur aufs Beet. Der Anbau von Lagerkartoffeln lohnt nur in großen Gärten und auf separaten Beeten. Hier muss das Land im Herbst schon gut mit Kompost versorgt werden. Im Frühjahr bekommen die Kartoffeln dann noch Holzasche und eine Extragabe Dünger. Das Vorkultivieren der Pflanzkartoffeln ist sinnvoll.
Frühkartoffeln werden im April einzeln im Abstand von 40 cm in etwa 10 cm tiefe Löcher gelegt. Der Reihenabstand beträgt 60 cm. Hat das Kartoffelkraut eine Höhe von 15 cm erreicht, wird angehäufelt. Eine Mulchschicht auf den Kartoffelhügeln erspart häufiges Wässern. Wiederholte Gaben von Brennnesseljauche versorgen die Kartoffeln ausreichend mit Stickstoff.

Hat das Kartoffelkraut eine Höhe von ca. 15 cm erreicht, wird angehäufelt

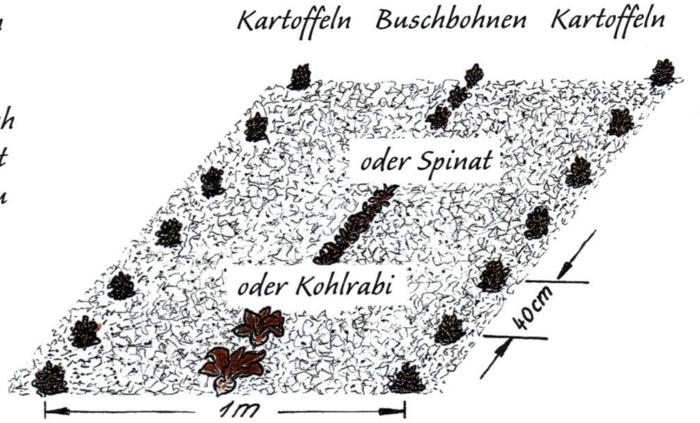

Vorschlag für den Anbau der Kartoffeln in Mischkultur

Kraut- und Knollenfäule (Streptomyces infestans)

Diese Pilzkrankheit ist besonders in feuchten Jahren ein Problem. Sie wird durch infiziertes Saatgut oder Ernterückstände übertragen und befällt Kartoffeln, Tomaten und Paprika. Braune Flecken erscheinen auf Blättern und Stängeln. Das Kraut stirbt vorzeitig ab. Auf den Kartoffelknollen zeigen sich braune Flecken mit rostrot verfärbten Fäulnisstellen.
Bei Tomaten entstehen braungrüne bis schwarze Flecken, die Früchte sind ungenießbar. Bei Befall breitet sich die Krankheit rasch aus. Sie kann nur vorbeugend behandelt werden:

- Viermaliges Stäuben mit Algenkalk oder Gesteinsmehl ab Mitte Mai im 7-Tage-Abstand.
- Spritzen mit Knoblauch- oder Zwiebelschalentee im gleichen Zeitraum.
- Wiederholte Behandlungen mit Pflanzenstärkungsmitteln, z.B. Bio-S.
- Die für das nächste Jahr ausgewählten Pflanzkartoffeln nach der Ernte für 8 Tage in die Sonne stellen, bis sie richtig grün sind.

Krautfäule am Kartoffelkraut

Knollenfäule an der Tomate

Knollenfäule an der Kartoffel

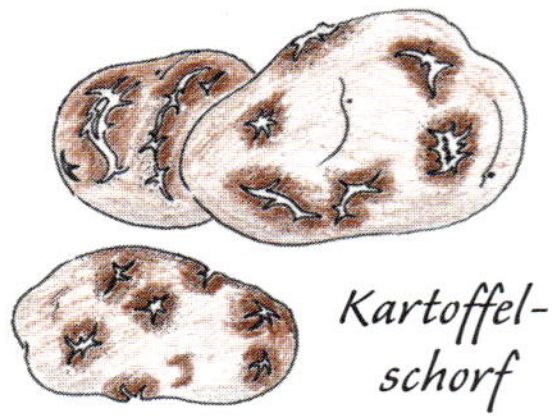

Kartoffelschorf

Kartoffelschorf (Streptomyces scabies)

Kartoffelschorf tritt besonders bei trockenem, warmen Wetter in kalkhaltigen Böden auf. Pusteln und Schorfstellen mindern die Qualität der Knollen. Es kann nur vorbeugend behandelt werden:

- Besonders 2 Monate nach der Pflanzung benötigen Kartoffeln eine gleichmäßig warme Wachstumsphase (mindestens 3 Wochen gut feuchthalten).
- Keine Kalkgaben im Kartoffelboden.
- Resistente Sorten wählen.
- Bei Trockenheit Gesteinsmehl auf die Pflanzen stäuben.

Tomaten

Die Kulturansprüche ähneln denen der verwandten Kartoffel. Da Tomaten von den gleichen Krankheiten befallen werden, sollte ein möglichst weiter Abstand zwischen diesen beiden Pflanzenarten eingehalten werden. Ein humoser, kräftig gedüngter, aber nicht überdüngter Boden ist für ein gesundes Aufwachsen notwendig. Sollen mehrere Reihen Tomaten angepflanzt werden, ist genügend Abstand einzuhalten, um noch eine Reihe guter Mischkulturpartner dazwischenzusetzen. Geschmacksverbessernd wirkt die Untersaat mit Petersilie.
Tomaten lieben Feuchtigkeit im Wurzelbereich, nicht aber am Kraut und an den

Tomatenstaude

Das Ausgeizen

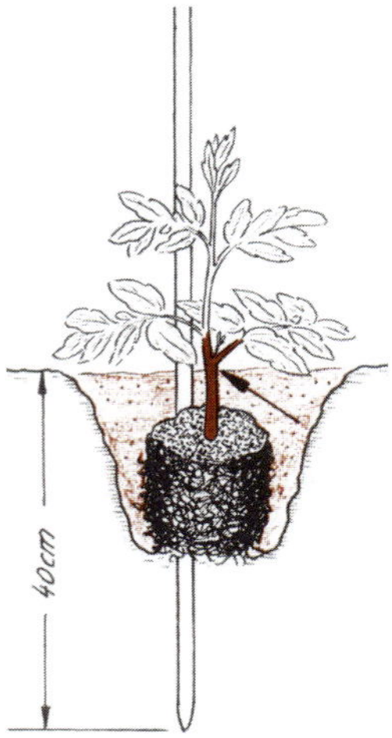

Um eine gute Wurzelbildung zu fördern, wird die junge Pflanze bis zum ersten Blattansatz ins Pflanzloch gesetzt. Dadurch bildet sie am Stamm weitere Wurzeln

Früchten. Ein eingegrabener Blumentopf erleichtert das Wässern. Tomaten wollen gleichmäßig feucht stehen. Eine Vorkultur kann im Februar in warmen, hellen Räumen erfolgen (siehe Seite 25). Nach zweimaligem Pikieren wird Ende Mai ins Freiland gepflanzt. Zum Anbinden der Pflanzen sind am besten gewellte Tomatenstäbe aus Metall geeignet. In Holzstäben können sich Pilze einnisten und überwintern.

Tomaten mögen es, in jedem Jahr an der gleichen Stelle zu stehen. Bei Krankheiten im Vorjahr muss aber der Standort gewechselt werden. Wenn während des Wachstums die Seitentriebe in den Blattachseln immer wieder ausgekniffen werden (Ausgeizen), beginnt die Ernte um einige Wochen früher und die Pflanze ist weniger anfällig für Pilzerkrankungen. Das Klima hierzulande ist selten ideal für

Tomaten lieben Feuchtigkeit im Wurzelbereich

Tomaten. Gut wachsen sie, vor Regen geschützt, in großen Töpfen unter dem Dach der Terrasse, in Gewächshäusern oder anderweitig überdacht. Eingerollte Blätter ohne Verfärbung sind kein Krankheitszeichen, sondern Hinweis auf Überdüngung oder witterungsbedingte Wachstumsstörungen.

Bakterienwelke (Corynebacterium michiganena)

Diese Bakterienkrankheit befällt zuerst nur Teile einiger Blätter, sie werden erst gelb, dann braun und vertrocknen. Später stirbt die ganze Pflanze. Die Früchte zeigen braune, eingesunkene Flecken, die von einem hellen Hof umgeben sind.
Maßnahmen:

- Vorbeugende Maßnahmen wie bei Krautfäule (S. 78) beschrieben.
- Befallenen Pflanzen entfernen und vernichten.
- Vier Jahre an dieser Stelle keine Tomaten anbauen.
- Von befallenen Pflanzen keine Samen nehmen.

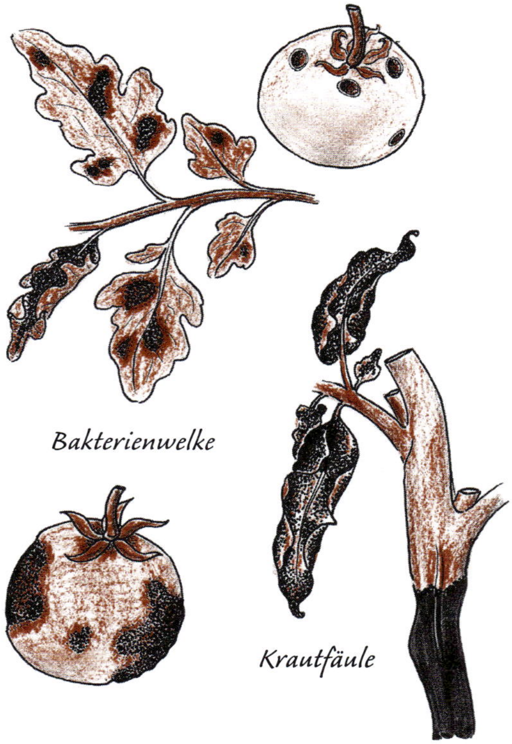

Tomatenkrankheiten

Krautfäule (Didymella dycopersici)

Krautfäule tritt an Stängeln, Blättern und Früchten auf.
Maßnahmen:

- siehe unter Kartoffeln (S. 77).

Bohnen

Bohnen

Als Schmetterlingsblütler bilden Bohnen Knöllchenbakterien aus, welche die Pflanze ausreichend mit Stickstoff versorgen. Deshalb sind keine zusätzlichen Stickstoffgaben notwendig.
Buschbohnen haben einen schwachen, Stangenbohnen einen mittleren Nährstoffbedarf. Buschbohnen wachsen gut auf ungedüngtem Boden, sofern er genügend Kali und Phosphor enthält. Stangenbohnen bekommen Kompostgaben.
Bohnen sind frostempfindlich, lassen sich aber im Frühbeet ab April vorziehen. Bis Mitte Juli können Folgesaaten von Buschbohnen vorgenommen werden, so dass die Ernte bis in den Herbst hineinreicht.

In etwa 30 - 40 cm tiefe Löcher werden die Bohnenstangen senkrecht eingesetzt und die Löcher mit Erde gut geschlossen

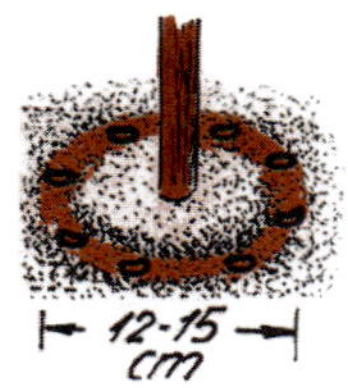

Buschbohnen werden in Horsten angebaut, d.h. immer vier bis fünf Bohnen pro Saatloch. Stangenbohnen wachsen am besten an einzeln stehenden Stangen. Hier können sie bei nassem Wetter besser abtrocknen als an Gerüsten. Je 10 bis 12 Bohnen werden um jede Stange gelegt. Sind die Bohnenpflanzen etwa handhoch, wird angehäufelt. Das verstärkt die Wurzelbildung und stabilisiert die Pflanze. Eine vorbeugende Kräftigung des Pflanzengewebes mit Schachtelhalm, Bio-S o.ä. macht die Bohnen widerstandsfähig gegen Pilzerkrankungen. Ernten bei nassem Wetter fördert den Pilzbefall. Beim Pflücken wird die Pflanze mit der einen Hand festgehalten, damit mit den Früchten nicht die ganze Pflanze ausgerissen wird.

Beim Pflücken der Bohnen wird die Pflanze mit einer Hand festgehalten

Fettfleckenkrankheit (Pseudomonas phaseolicola)

Verbreitete Pilzkrankheit bei Bohnen und Erbsen. Auch schon an Keimlingen tritt sie auf und führt meist zum Absterben der jungen Pflanze.
Maßnahmen (vorbeugend):

- Nur von gesunden Pflanzen Samen verwenden.
- Saatgut auf Flecken untersuchen.
- Alle befallenen Pflanzen verbrennen.
- Fruchtfolge weit halten.

Fettfleckenkrankheit an Bohnen

Fettfleckenkrankheit an Sämlingen

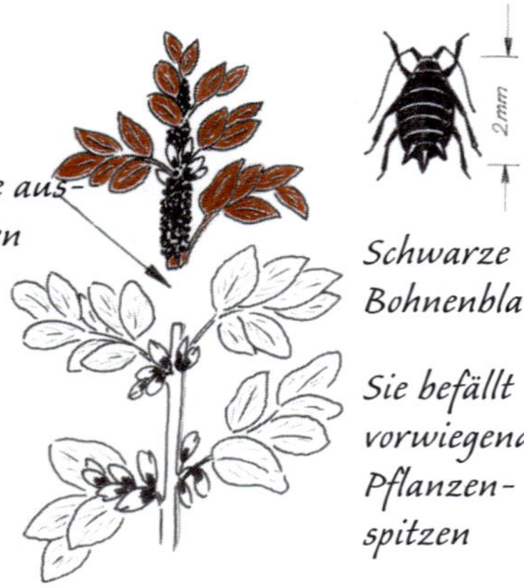

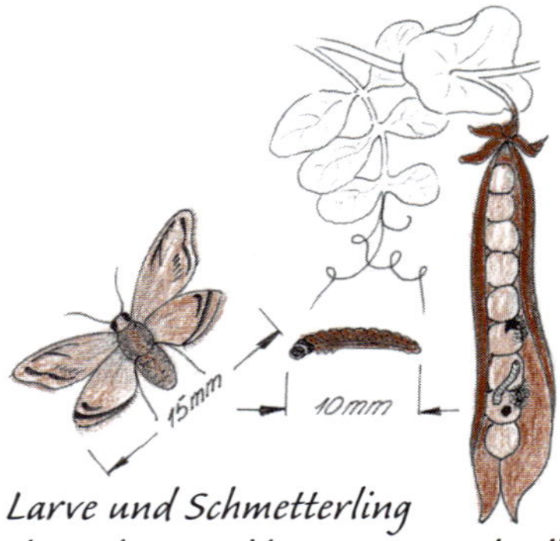

Larve und Schmetterling des Erbsenwicklers

Schadbild

Ackerbohne/Puffbohne

Ebenfalls zu den Schmetterlingsblütlern gehört die Puffbohne. Sie wird heute seltener angebaut als früher. Bei früher Aussaat ab Ende Februar ist der sonst häufige Blattlausbefall mit der schwarzen Bohnenblattlaus eher gering.

Erbsen

Erbsen lieben humose, kali- und kalkhaltige Böden. Sie gehören wie Bohnen zu den Schmetterlingsblütlern. Erbsen sind Kletterpflanzen und gedeihen gut, wenn man sie mit Reisern oder Maschendraht stützt. Der Draht sollte sich in Windrichtung hinter den Erbsen befinden, so dass diese bei Wind dagegen gedrückt werden.

Frostharte Sorten sind die Schal- und Palerbsen. Markerbsen vertragen Kälte nicht so gut und sollten erst ab Mitte April gelegt werden. Das Abdecken mit Reisig oder Vogelnetzen bis zum Auflaufen der Saat schützt die Erbsen vor hungrigen Vögeln. Anhäufeln bei einer Höhe von 10 cm und Feuchtigkeit bis zur Blüte fördern den Ertrag. Bis Juli können Folgesaaten vorgenommen werden.

Erbsenwickler

Der oliv-braune Schmetterling legt die Eier auf Blätter und Hülsen. Die Raupe bohrt sich durch die Erbsenschale und frisst an den Früchten. Maßnahmen:

- Fruchtfolge einhalten.
- Windoffene Lage bevorzugen.
- Entweder sehr früh oder sehr spät aussäen, damit die Flugzeit des Erbsenwicklers (Mai bis Juni) nicht mit der Blütezeit der Erbse zusammenfällt.

Maschendraht als Stützhilfe für Erbsen

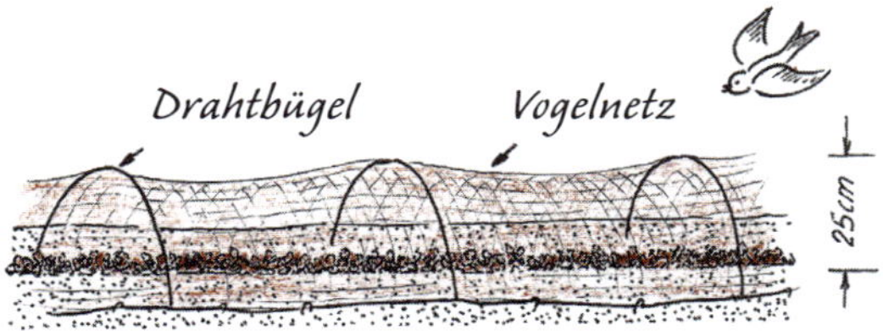

Gegen Vogelfraß

- Beizen der Saat mit Wermuttee
- Saat tief legen (5 - 6 mm)
- Gleich nach dem Legen Netze spannen

5. Heil- und Küchenkräuter

Das Wissen um die Heilkräfte, die in unseren Küchenkräutern steckt, ist für viele wieder interessant geworden. In der Medizin finden Heilkräuter zunehmend Beachtung. Im folgenden wird auf den medizinischen Aspekt jedoch nur am Rande eingegangen.
Wegen der vielfältigen Aromastoffe ist der reichliche Gebrauch von Würzkräutern in der Küche der Gesundheit förderlich.

Im Garten nehmen sich die Kräuter eher bescheiden aus. Ein eigenes Beet ist nicht unbedingt notwendig. Sie wachsen zwischen den Gemüsepflanzen oder Blumen.
Viele Kräuter bringen im Sommer farbenprächtige Blüten hervor und werden gerne von Insekten besucht.
Mittelmeerkräuter (Majoran, Salbei, Lavendel) mögen es eher mager und trocken. Sie sollten kaum gedüngt werden. Es ist völlig ausreichend, wenn alle zwei Jahre dünn Kompost auf das Beet gebracht wird, der mit Kalk und Steinmehl angereichert ist. Mitteleuropäische Arten, wie Liebstöckel oder Petersilie mögen es humos und eher feucht, ihre Bodenansprüche sind denen der Schwachzehrer ähnlich.
Kräuter, die überdüngt wurden, enthalten kaum ätherische Öle und sind weniger aromatisch.

Sollen die Kräuter getrocknet werden, ist zu beachten, dass der Gehalt an ätherischen Ölen kurz vor der Blüte am höchsten ist. Geerntet wird am besten am frühen Vormittag eines sonnigen Tages. Die geschnittenen Kräuter werden locker gebündelt und luftig an einem schattigen Platz aufgehängt, bis sie völlig trocken sind.

Bohnenkraut

Basilikum

Hiervon gibt es zwei Arten: das kleinblättrige mit feinem Aroma und das großblättrige, widerstandsfähigere mit kräftigerem Aroma. Basilikum schmeckt pfeffrig-würzig.
Im Garten ist Basilikum eher wärmebedürftig und sollte im Frühbeet vorgezogen werden. In der Küche wird Basilikum zu Salaten und Gemüsen genommen, unverzichtbar für Caprese. Es wirkt beruhigend und entkrampfend auf Magen und Nerven.

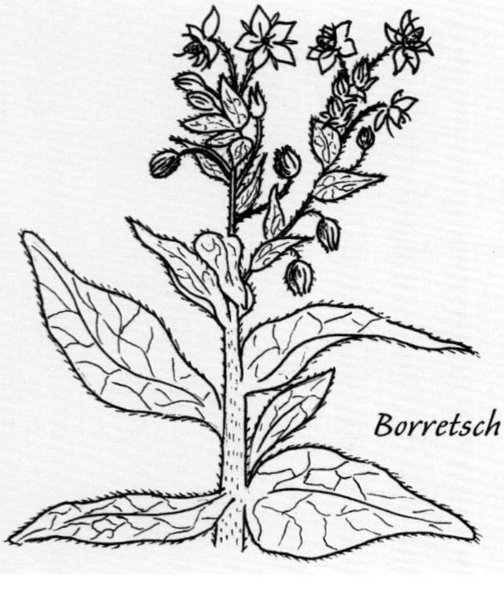

Borretsch

Bohnenkraut

Es gibt das einjährige Garten- und das mehrjährige Bergbohnenkraut. Das Aroma ist dem des Thymians ähnlich. Roh schmeckt Bohnenkraut recht scharf, beim Kochen verliert sich die Schärfe, leider auch viel vom Aroma, deswegen nur kurz mitkochen.
Einjähriges Bohnenkraut kann zwischen den Bohnen stehen. Es benötigt einen warmen Standort.
In der Küche gehört es in Eintöpfe, besonders gut passt es zu Hülsenfrüchten, es fördert deren Verdauung. Es wirkt krampfstillend, verdauungsfördernd.

Basilikum

Borretsch

Fühlt sich Borretsch wohl im Garten, braucht man sich um die Vermehrung dieses einjährigen Krautes nicht mehr zu kümmern. Es samt sich aus. Die Blätter riechen und schmecken intensiv nach Gurke.
Die Pflanze benötigt einen guten Boden und steht am besten im Gemüsebeet. Dort wird sie nicht selten einen Meter hoch und ebenso breit.

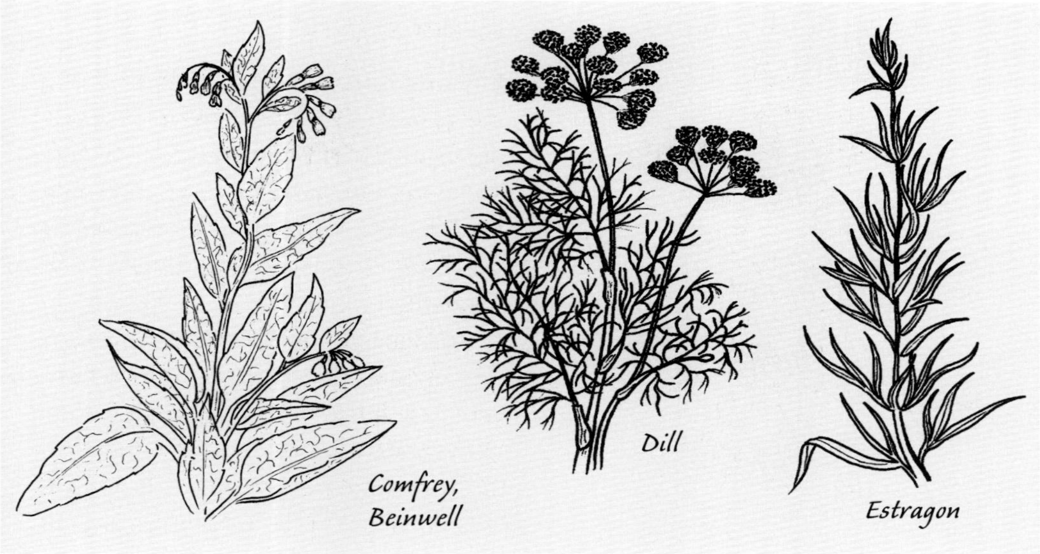

Da die Blätter einen Giftstoff enthalten, sollte man nur die jungen und auch die nicht in großer Menge verwenden. Sie passen gut in Salate. Gekocht oder getrocknet geht das Aroma vollständig verloren. Die hübschen blauen Blüten werden gerne zur Dekoration genommen und können mitgegessen werden.

Comfrey, Beinwell

Comfrey, auch Beinwell genannt, ist ein einheimisches Kraut, das weniger in der Küche als vielmehr in der Medizin Verwendung findet. Ein Umschlag aus Wurzelbrei hilft bei Quetschungen und der Tee aus Blättern wirkt lindernd bei rheumatischen Beschwerden. Jauche aus den frischen Blättern ist ein schnell wirkender Dünger (siehe Seite 131).
Das einheimische Kraut wächst wild an Gräben und auf feuchten Wiesen. Es braucht zum Gedeihen viel Kompost und liefert dann große Blattmengen, die auch zum Mulchen verwendet werden können.

Dill

Als guter Mischkulturpartner passt Dill ins Gemüsebeet. Das typische Dillaroma ist sowohl in den Blättern als auch in den Samen zu finden. Dill findet Verwendung als Einlegegewürz für Gurken. Frisch macht er sich gut in Salaten. Dill enthält viel Vitamin C.

Estragon

Estragon stammt aus Osteuropa und Asien. Angeboten werden Russischer und Französischer Estragon. Die russische Art ist robuster. Im Garten ist er anspruchslos, benötigt aber einen geschützten, warmen Standort.
Die frischen Triebe werden in der Küche in Salate, Suppen und feine Soßen gegeben. Eingelegt in Essig oder Öl gibt er sein Aroma an die Flüssigkeit ab. Estragon wirkt harntreibend und appetitanregend.

Kerbel

Ein ausgesprochenes Frühjahrskraut ist der Kerbel. Man kann ihn bereits im März aussäen und nach wenigen Wochen ernten. Da er nur jung und roh gegessen wird, sollte man ihn regelmäßig nachsäen. Er wird in Salaten und Soßen verwendet (ohne Kerbel ist z.B. die Frankfurter Grüne Soße unvollständig). Kerbel wirkt blutreinigend und stoffwechselanregend. Er wird zu Frühjahrskuren verwendet.

Kapuzinerkresse

Obwohl Kapuzinerkresse ursprünglich als Zierpflanze Einzug in die Gärten hielt, hat sie als Gewürzpflanze viele Liebhaber gefunden.
Sie liebt die Sonne, steht aber auch gut unter Obstbäumen, wo sie als schädlingsabwehrende Pflanze dient.
Die kresseartig-scharfen Blätter werden roh in Salate oder Quarkspeisen gegeben. Die eßbaren Blüten sind eine hübsche Dekoration für Platten und Salate.

Liebstöckel

Eindrucksvolle zwei Meter hoch wächst diese ausdauernde Gewürzpflanze, die einen kräftigen, lockeren Boden benötigt. Im Winter friert sie vollständig zurück, und treibt im Frühjahr wieder aus. Den Beinamen Maggikraut trägt Liebstöckel zu Recht. Seine Blätter sind sehr würzig und sollten sparsam verwendet werden. In Eintöpfen können sie mitgekocht, in Soßen roh und kleingehackt zugegeben werden. Liebstöckel wirkt harntreibend und löst Blähungen.

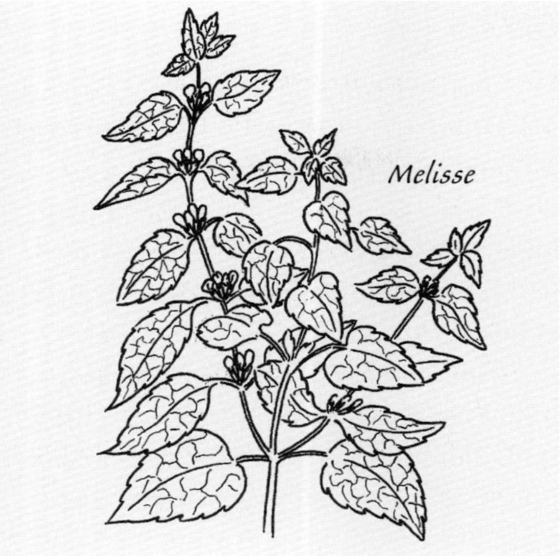

Melisse

Wegen ihres ausgeprägten Zitronenaromas wird sie auch Zitronenmelisse genannt. Die jungen Triebe werden roh zu Salat, Soßen und Süßspeisen gegeben. Aufgegossen als Tee geht viel vom Aroma verloren, besser eignet sich Melisse in Teemischungen, denen sie ein zartes Aroma verleiht. Melisse wirkt beruhigend, besonders auf die Magennerven.

Majoran

Entscheidend für die Entwicklung des bitter-süßlichen Aromas ist die Wärme während des Wachstums. Im Frühbeet vorgezogen, wird Majoran Mitte Mai an einen warmen Standort ausgepflanzt.
Die frischen Triebe können den ganzen Sommer über geerntet werden. Getrocknet verliert Majoran viel Aroma.
Majoran ist sehr verdauungsfördernd und wird häufig zu fetten Speisen verwendet. Das feine Aroma der frischen Triebe passt aber auch gut zu Fischgerichten.

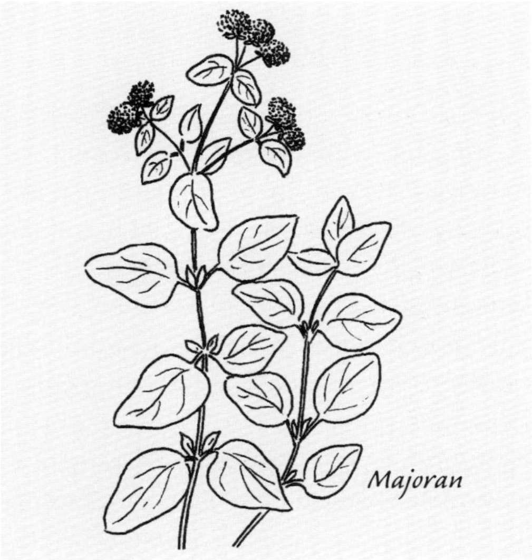

Petersilie

Mit ihrem würzigem Aroma ist Petersilie ein Klassiker in der Küche. Im Garten benötigt sie humosen Boden und genügend Feuchtigkeit. Die Blätter der zweijährigen Pflanze schmecken nur im ersten Jahr. Deshalb sollte Petersilie jedes Jahr frisch gesät werden.
Petersilie wird roh und erst nach dem Kochen über die Speisen gestreut, so behält sie den hohen Vitamin-C-Gehalt und ihre harntreibende Wirkung.

Pfefferminze

Frisch aufgebrüht kommt der scharfminzige Geschmack der Pfefferminze am besten zur Geltung. Getrocknet bleibt das Minzearoma gut erhalten. Im Garten braucht die Minze einen humosen, feuchten Standort. Wo sie sich wohlfühlt, breitet sie sich schnell durch Wurzelausläufer aus.
Pfefferminze ist ein Heilkraut mit vielfältigen Anwendungsmöglichkeiten. Übermäßiger Teegenuss kann bei empfindlichen Menschen den Magen reizen. Ansonsten wirkt Pfefferminze eher beruhigend und verdauungsfördernd und wird auch gern in Salaten und Soßen verwendet. Liebhaber finden viele Minzearten im Handel von der Ananasminze über die Japanische Minze bis hin zur Wasserminze.

Salbei

Die grau-grünen Blätter schmecken würzig-aromatisch und werden sowohl frisch als auch getrocknet verwendet.
Im Garten benötigt Salbei volle Sonneneinstrahlung und einen eher mageren, kalkhaltigen Boden. Im Winter ist leichter Winterschutz notwendig. In mildem Klima kann Salbei das ganze Jahr über geerntet werden. Ein kräftiger Rückschnitt im Frühjahr fördert das Wachstum. Salbei findet sich in vielen Würzmischungen, passt gut zu Eintopf, Käsegerichten und zu salzigem Gebäck. Seine entzündungshemmende Wirkung ist bei Erkältungen und Zahnfleischentzündungen hilfreich. Man kann mit einem Aufguss gurgeln oder Blätter kauen.

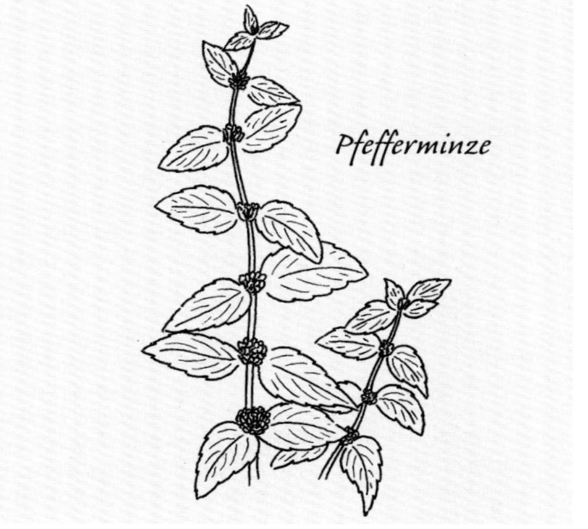

Schnittlauch

Neben Petersilie ist Schnittlauch das klassische Würzkraut. Es schmeckt zwiebelartig scharf. Im Garten benötigt Schnittlauch einen halbschattigen Standort, humosen Boden und reichlich Kompost. Er kann mehrere Jahre lang stehen bleiben. Schnittlauch liefert auch in milden Wintern frisches Grün für die Küche.

Weinraute

Die Blätter von Weinraute haben einen leicht bitteren und kräftig-würzigen Geschmack.
Im Garten steht sie gut bei Salbei und Thymian, wird mit 80 cm Wuchshöhe recht groß und bietet mit ihren grau-grünen Blättern und gelben Blüten einen schönen Anblick.
In der Küche werden die Blätter sparsam verwendet und passen gut zu Hackfleisch- und Käsegerichten. Weinraute wirkt appetitanregend und beruhigend. In großen Mengen genossen ist Weinraute giftig.

Thymian

Das herbe, kräftige Aroma entwickelt sich umso besser, je sonniger der Thymian steht. Er benötigt einen trockenen Standort und mageren Boden und steht am besten im Steingarten.
In der Küche wird Thymian zu Fleisch und kräftigen Eintöpfen gegeben.
Die ätherischen Öle der Pflanze wirken desinfizierend und krampflösend. Bei Husten und anderen Erkältungskrankheiten leistet Thymian gute Dienste.

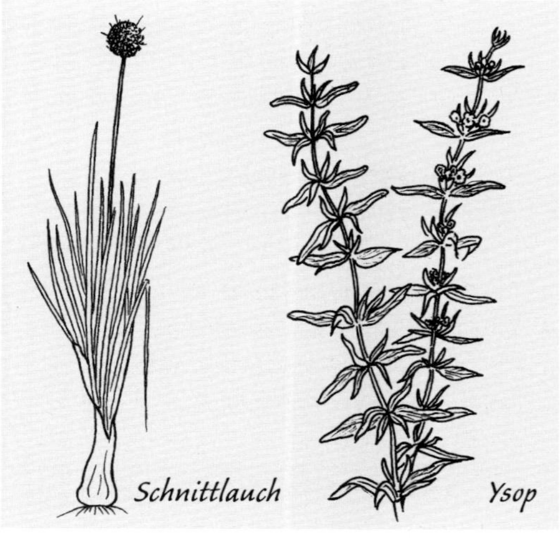

Ysop

Bitter-würzig schmecken die Blätter dieses hübschen, blaublütigen Krauts. Im Garten benötigt es einen sonnigen und trockenen Standort. Mit leichtem Frostschutz kommt es gut durch den Winter.
In der Küche rundet Ysop den Geschmack von Suppen und Soßen ab. Die Bitterstoffe wirken magenstärkend und blutreinigend. Ein Dampfbad bringt bei drohendem Schnupfen Erleichterung.

Hausteemischungen

Gute Hausteemischungen können selbst aus wildwachsenden oder im Garten angebauten Pflanzen zusammengestellt werden.
Tee, der jeden Tag getrunken wird, sollte keine oder nur sehr wenige Heilkräuter enthalten. Untenstehend sind einige wohlschmeckende Mischungen aufgeführt, die für den täglichen Gebrauch geeignet sind. Es möge aber jeder nach Herzenslust selbst kombinieren und so seine eigene Hausteemischung finden.

Mischung Nr. 1
- *50 g Brennnesselblätter*
- *30 g Blätter der schwarzen Johannisbeere*
- *20 g Pfefferminze*

Mischung Nr. 2
- *25 g Erdbeerblätter*
- *25 g Himbeerblätter*
- *25 g Brombeerblätter*
- *25 g Lindenblüten*

Mischung Nr. 3
- *50 g Heidekraut mit Blüten*
- *30 g Melisseblätter*
- *20 g Pfefferminze*

Mischung Nr. 4
- *50 g Brennnesselblätter*
- *25 g Brombeerblätter*
- *25 g Heidekraut mit Blüten*

Mischung Nr. 5
- *50 g Erdbeerblätter*
- *25 g Himbeerblätter*
- *25 g Melisseblätter*

Mischung Nr. 6
- *30 g Brombeerblätter*
- *20 g Himbeerblätter*
- *20 g Erdbeerblätter*
- *25 g Melisseblätter*
- *5 g Waldmeister*

Mischung Nr. 7
- *50 g Blätter der schwarzen Johannisbeere*
- *40 g Brombeerblätter*
- *10 g Fenchelsamen*

Mischung Nr. 8
- *30 g Holunderblüten*
- *20 g Lindenblüten*
- *50 g Hagebutten*

Mischung Nr. 9
- *30 g Gundelrebe*
- *30 g Melisseblätter*
- *40 g Pfefferminze*

6. Beerenobst im Garten

Frisch geerntete Früchte aus dem eigenen Garten sind im Geschmack nicht zu übertreffen. Biologisch angebaut, sind sie zudem noch frei von giftigen Pflanzenschutzmitteln, deren Rückstände bei Beerenobst schlecht zu entfernen sind. Der Anbau ist einfach und die Verwendung der Früchte vielfältig: frisch als Süßspeise, konserviert als Marmelade oder einfach von der Hand in den Mund.

Da Beerenobst lange Jahre am selben Ort steht, ist eine gründliche Vorbereitung des Bodens wichtig. Auf nährstoffarmen und undurchlässigen Böden sollte vor der Pflanzung eine tiefwurzelnde Gründüngung eingesät werden. Wicken, Lupine und Rotenburger Kombigemenge sind ausgezeichnete Voraussaaten.

Erdbeeren

Die Entstehung von Erdbeeren ist einem züchterischen Zufall zu verdanken, bei dem vor 200 Jahren verschiedene amerikanische Wildarten gekreuzt wurden. Erdbeeren haben einen hohen Gehalt an Mineralstoffen, an Fruchtsäuren und Vitaminen. Erdbeeren entgiften den Darm, kräftigen das Immunsystem und den Stoffwechsel, wirken entwässernd, blutbildend und fördern das Zellwachstum. Im Garten sind sie jahreszeitlich die frühesten Früchte. Je nach Sorte beginnt die Ernte Ende Juni und ist bis in den August möglich. Zweimaltragende Sorten haben ab September noch einmal eine kleine zweite Fruchtperiode.

Erdbeere = Rosengewächs

In der Sonne werden die Erdbeeren am aromatischsten, sie gedeihen aber auch noch im Halbschatten. Der Boden sollte humushaltig sein und einen pH-Wert von 6 - 7 haben. Gepflanzt wird möglichst schon im Juli, dann tragen die Pflanzen bereits im nächsten Jahr reichlich Früchte. Erdbeeren lieben die Nachbarschaft mit anderen Pflanzen, besonders mit Blumen und Kräutern. Für eine förderliche Mischkultur ist ein Reihenabstand von 60 bis 80 cm richtig.

Gleich nach dem Pflanzen wird gegossen und gemulcht. Im Frühjahr darf kein stickstoffhaltiger Dünger an die Pflanzen gelangen, jedoch wird während der ersten Blütenbildung entweder mit Rinde, Stroh, trockenem Farnkraut oder mit zerkleinertem Laub gemulcht.

Nur in extrem trockenen Sommern darf während der Erntezeit gegossen werden. Werden keine Ableger für Neupflanzun-

Zwischen den Reihen kann man Porree, Knoblauch, Feldsalat oder Gründünger anbauen. Ersatzweise Bodenabdeckung mit Mulchmaterial

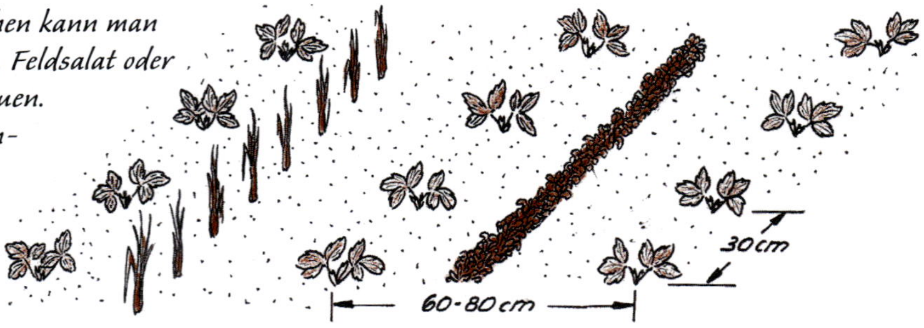

Im Frühjahr darf kein stickstoffhaltiger Dünger an die Pflanzen, der Boden wird aber während der ersten Blütenbildung entweder mit Rinde, Stroh, Holzwolle, trockenem Farnkraut oder zerkleinertem Laub bedeckt. Die Früchte liegen dadurch sauber und trocken.

gen benötigt, wird das Erdbeerbeet gleich nach der Ernte gereinigt, d.h. alle Ableger werden entfernt. Anschließend erhalten die Pflanzen eine Kompostgabe und werden gründlich mit Brennnesseljauche gegossen. Drei bis vier Jahre können gesunde und reichtragende Erdbeerpflanzen an der gleichen Stelle stehen bleiben.
Wer dauer- oder zweimaltragende Erdbeeren schon im August wieder ernten will, sollte die Frühjahrsblüten auskneifen.

Bei Grauschimmel-Befall sofort nach der Ernte das Laub bis auf zwei Herzblätter abschneiden. Die Pflanzen treiben schnell wieder aus und der Winterschutz ist gesichert.

Schädlinge und Krankheiten

Grauschimmel (Botrytis cinerea)

Feucht-warmes Wetter fördert die Ausbreitung dieses Pilzes und wirkt sich sehr schädigend auf die Erdbeerernte aus. Beginnend mit einem kleinen graubraunen Fleck, wird nach und nach die ganze Frucht mit grauem Pilzrasen überzogen. Die befallenen Früchte müssen gepflückt und vernichtet werden, weil die Ansteckungsgefahr sehr groß ist. Maßnahmen:

- Stickstoffdünger sparsam verwenden.
- Keine Düngung im Frühjahr.
- Großen Pflanzabstand einhalten.
- Gesteinsmehl streuen.
- Knoblauch, Porree und Zwiebeln zwischen die Erdbeeren pflanzen.

Grauschimmel-Befall

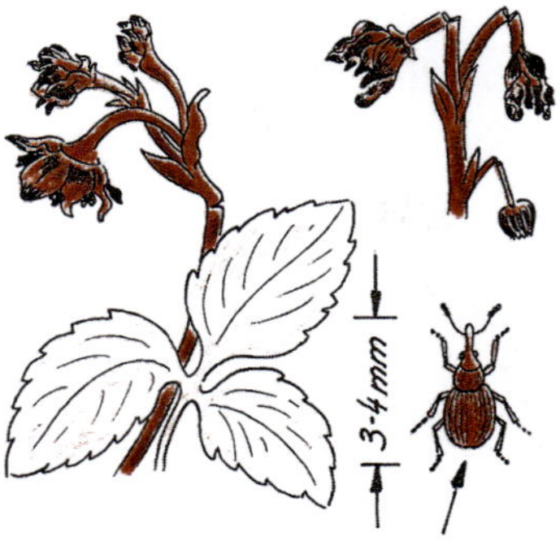

Schadbild des Erdbeerstängelstechers

Erdbeerblütenstecher

Mit Erdbeermilben befallene Blätter

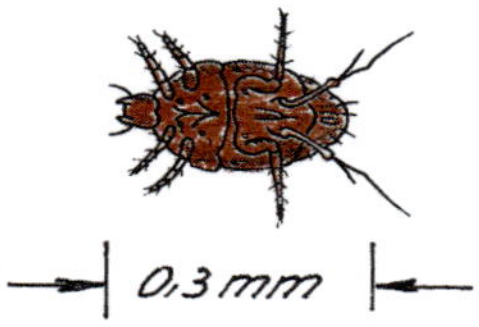

Erdbeermilbe

- Schon vorbeugend und dann wiederholt Schachtelhalmbrühe spritzen.
- Bei Vorjahresbefall Pflanzenstärkungsmittel spritzen, z. B. Bio-S.

Erdbeerblütenstecher (Anthomus rubi)

Dieser Rüsselkäfer schädigt Erd- und Himbeeren. Der Schaden ist allerdings selten groß. Der Käfer legt ein Ei in die Blüte und nagt anschließend den Stiel durch. Die Blüten vertrocknen und fallen ab. Der Erdbeerstängelstecher verhält sich ähnlich, nur dass durch ihn ganze Blütenstände umknicken. Maßnahmen:

- Boden mit Farnkraut bedecken.
- Vertrocknete Blütenstände absammeln und verbrennen, bevor die Larve schlüpft.
- Rainfarntee spritzen.

Himbeere = Rosengewächs

Erdbeermilbe (Tarsonemus pallidus)

Die 0,3 mm großen Milben wohnen im Herz der Pflanze. Befallene Pflanzen zeigen gekräuselte Blätter, geringes Wachstum, Bräunung und Absterben der Herzblätter. Maßnahmen:

- Gesunde Pflanzen kaufen.
- Bei frühem Erkennen einen Kaltwasserstrahl in das Herz der Pflanze spritzen.
- Zwiebelschalen- oder Rainfarntee spritzen.
- Bei starkem Befall Pflanzen roden und verbrennen, Neupflanzung von Erdbeeren an einer anderen Stelle des Gartens vornehmen.

Himbeeren

Die Himbeere ist in der gemäßigten Zone der nördlichen Erdhälfte beheimatet. Die Blätter enthalten Gerbstoffe und wirken somit gegen Durchfall. Man findet sie häufig in blutreinigenden Teemischungen. Die Früchte sind Vitamin-C-reich. Ferner enthalten sie Vitamin A, Rutin und

viel Biotin, das unter anderem für Glanz und Fülle der Haare sorgt.
Himbeeren benötigen einen feuchten, humosen (reichlich Kompost) und tiefgründig lockeren Boden mit einem pH-Wert zwischen 4,5 und 6. Der besseren Wurzelbildung wegen sollte eine Neupflanzung im Frühjahr stattfinden.
Himbeeren gedeihen zwar auch im Halbschatten, bringen aber in sonnigen Lagen höhere Erträge. Von ihrem Standort aus entziehen sie dem Boden noch in bis zu drei Metern Entfernung Nährstoffe. Deshalb dürfen sie nicht zu nahe an Obstbäumen stehen.
Himbeeren brauchen einen feuchten Fuß. Dieses Bedürfnis läßt sich durch Mulchen und die Aussaat von Gründüngungspflanzen befriedigen. Besonders gut paßt Vergißmeinnicht zwischen die Himbeeren. Die blauen Blüten irritieren den Himbeerkäfer auf der Suche nach Himbeerblüten.
Erhältlich sind ein- und zweimaltragende Himbeeren. Zweimaltragende Sorten bringen im Herbst bis zum Frost noch Früchte hervor. Da der Himbeerkäfer zu dieser Zeit nicht mehr fliegt, sind die Beeren absolut wurmfrei.
Himbeeren benötigen ein Gerüst. Drei Spanndrähte auf jeder Seite geben den Pflanzen den erforderlichen Halt und dem Gärtner die nötige Übersicht (siehe Abbildung unten).
Gleich nach der Ernte werden abgetragene Himbeerruten ebenerdig abgeschnitten. Auch die einjährigen Triebe werden bis auf sechs Ruten pro Pflanze herausgeschnitten.
Zweimaltragende Sorten benötigen reichlich Kompost. Die Ruten, an denen im Herbst Beeren hängen, treiben im Frühjahr oft noch einmal aus und tragen im Sommer Früchte. Zweimaltragende Sorten werden nach der Sommerernte gekürzt und im folgenden Frühjahr dann diejenigen Ruten ausgeschnitten, die nicht erneut austreiben. Ebenso sollte alles entfernt werden, was zu dicht steht. Der Boden unter den Himbeeren wird nicht gehackt, sondern nur bedeckt gehalten.

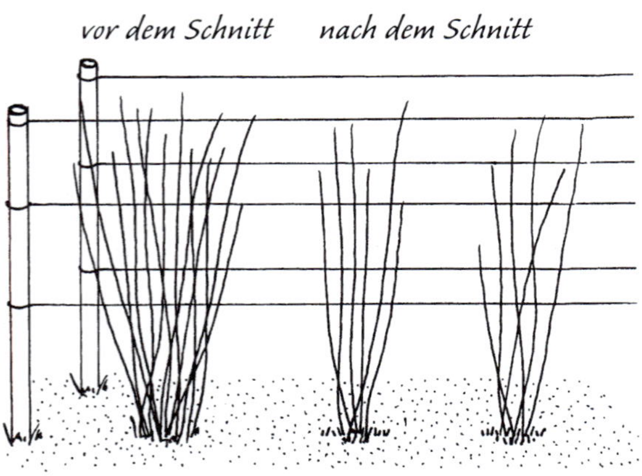

Himbeeren brauchen ein Gerüst

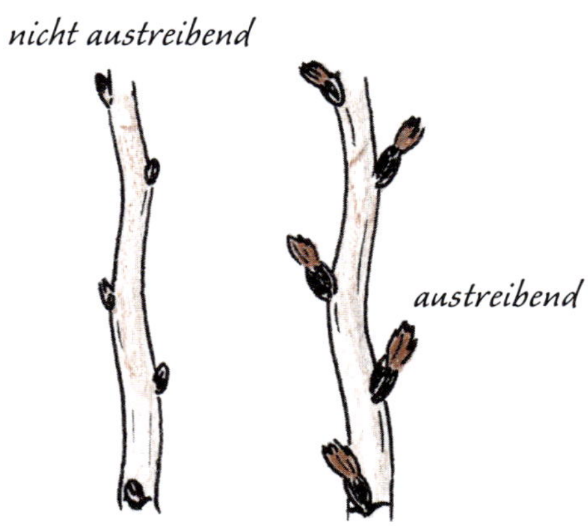

Ab April ist gut erkennbar, welche Triebe austreiben bzw. nicht austreiben

Schädlinge und Krankheiten

Himbeerrutenkrankheit (Didymella applanta)

Diese Pilzkrankheit ist recht verbreitet. Verletzte Ruten und stehengebliebene Stummel bieten dem Pilz Eintritt und Überwinterungsplätze. Die Ruten verfärben sich bläulich-braun. Der Schaden ist selten groß, denn die Ernte wird kaum beeinträchtigt. Maßnahmen:
Gute Pflege und ein optimaler Standort beugen dem Befall vor. Dazu gehören:

- Luftiger Stand durch regelmäßigen Schnitt. Gleichmäßige Feuchtigkeit.
- Keine starke Stickstoffdüngung.
- Ständige Bodenbedeckung.
- Zweimalige Spritzung mit Preicobakt.
- Wiederholte Spritzungen mit Schachtelhalm oder Bio-S, die das Pflanzengewebe stärken.
- Bei starkem Befall die Ruten herausschneiden und verbrennen.

Himbeerkäfer (Byturus tomentosus) Der Käfer fliegt von Mai bis Juni. In Knospen und aufbrechenden Blüten fressen und paaren sich die Käfer.

Himbeerkäfer lassen sich bei Berührung sofort fallen. Darum hält man beim Ablesen der Käfer ein Wassergefäß unter die Fruchtstände

Himbeerruten-krankheit

Himbeerkäfer (Byturus tomentosus)

Der Käfer fliegt von Mai bis Juni. In Knospen und aufbrechenden Blüten fressen und paaren sich die Käfer. Werden sie jetzt abgesammelt, können die Weibchen im Juni ihre Eier nicht mehr in die Blüten legen. Maßnahmen:

- Ablesen der Käfer während der Paarungszeit.
- Spritzen des Bodens mit Rainfarntee.
- Das Holzstützgerüst (ein beliebter Überwinterungsplatz) mit Preicobaktbrei, der mit Rainfarntee angerührt wurde, einstreichen.
- Während der Ernte alle gefundenen Larven vernichten.

Himbeerkäfer und Larve

Stachelbeere

Stachelbeere = Steinbrechgewächs

Stachelbeeren enthalten außer Vitamin B und C nennenswerte Gehalte an Nicotinamid. Sie haben ähnliche Boden-, Anbau- und Pflegeansprüche wie Johannisbeeren, benötigen nur eine etwas höhere Kaliversorgung des Bodens.
Stachelbeeren gedeihen im Halbschatten noch sehr gut. Durch ihre flachen und tiefen Wurzeln sind sie trockenheitsbeständiger als Johannisbeeren. Ein gut bedeckter Boden reicht in normalen Sommern aus.
Es sollten mehltauresistente Sorten gewählt werden. Es gibt rot- und grünfrüchtige Sorten.
Für die Pflanzung der Stachelbeeren und auch Johannisbeeren gelten die gleichen Regeln, die im Kapitel Baumobst (siehe Seite 102 ff) aufgeführt sind (ausführlicher wird die Pflanzung von Sträuchern und Bäumen im Werkbuch Biogarten (Lit.1) beschrieben).

Der Pflanzschnitt erfolgt auch bei der Herbstpflanzung im frühen Frühjahr. Vier bis sechs Zweige bleiben stehen und diese werden auf vier bis fünf Augen eingekürzt.

Der Schnitt

Stachelbeeren müssen gut geschnitten sein, denn sonst wird die Ernte zwischen den stacheligen Zweigen schwierig. Altes Holz, nach innen wachsende Triebe und schwache Bodentriebe werden so tief wie möglich herausgeschnitten. Auch zu dicht stehende Seitenzweige werden entfernt. Mit dem Einkürzen zu langer Triebe sollte man sich zurückhalten, denn die

Schnitt der Stachelbeersträucher

Vor (links) und nach dem Schnitt (rechts)

Günstig ist der Schnitt im Herbst. In jedem Fall muss er wegen des frühen Austriebs bis Ende Februar beendet sein. Durch Stachelbeermehltau verformte Triebe (korkenzieherförmig) werden um 1/3 ihrer Länge eingekürzt.

Früchte sitzen am einjährigen Holz am reichlichsten. Der Herbstschnitt ist dem Frühjahrsschnitt vorzuziehen, da Stachelbeeren früh austreiben.

Stachelbeermehltau

Krankheiten und Schädlinge

Mehltau (Spaerotheca mors-uvae)

Bei zu geringem Pflanzenabstand und bei zu dichtem Wuchs neigen Stachelbeeren zu Mehltau. Wie dieser zu behandeln ist, wird in Kapitel 8 (Seite 112 beschrieben. Außerdem werden alle befallenen Triebe stark eingekürzt.

Schadbild der Stachelbeerspinnmilbe

Stachelbeerspinnmilbe

Stachelbeerspinnmilbe (Bryobia praetiosa)

Diese Tiere übertragen Viruskrankheiten. Sie überwintern am Holz der Sträucher und wandern im Frühjahr in großen Mengen auf die Blätter, an denen sie saugen. Die Blätter sind erst weiß gesprenkelt, verfärben sich grau-braun, vertrocknen

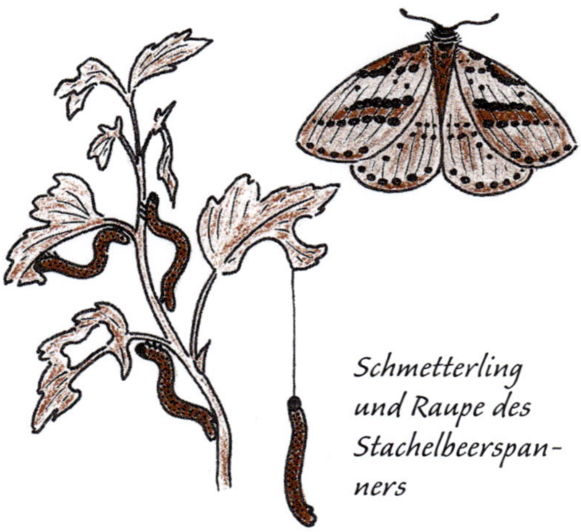

Schmetterling und Raupe des Stachelbeerspanners

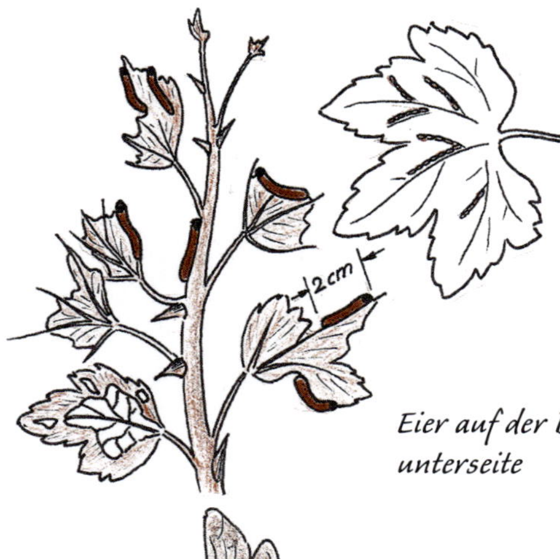

Eier auf der Blattunterseite

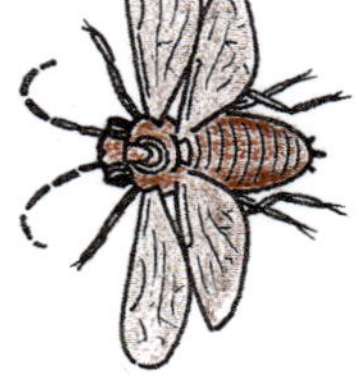

Stachelbeerblattwespe und die Raupen der Stachelbeerwespe beim Fraß

Stachelbeerrost

Stachelbeerrost, stark vergrößert

und fallen schließlich ab. Die Früchte bleiben klein und reifen nicht aus. Besonders Büsche an sonnigem Standort werden befallen.

Maßnahmen:

- Heißwasserspritzung bei Befall (52° C).
- Reichliche Februar-März-Spritzung mit Rainfarntee.

Stachelbeerspanner (Abraxas grossulariata) und Stachelbeerblattwespe (Pteronus ribis)

Die Raupen beider Insekten können große Fraßschäden anrichten.

Maßnahmen:

- Bei geringem Befall Raupen ablesen.
- Bei starkem Befall Algomin stäuben.
- Stoff oder Papier unter den Busch legen und kräftig schütteln, die herabgefallenen Tiere sofort vernichten.

Stachelbeerrost (Puccinia caricina var. Phrinosheimiana)

An Säuregräsern der Gattung Carex (Seggen) hält sich dieser Rostpilz auf. Im Frühjahr wehen die Sporen auf die Büsche in der Nähe. Auf Blättern und Früchten zeigen sich orange- bis dunkelrote Polster, in denen neue Sporen heranreifen, die dann wieder auf die Gräser wechseln.

Maßnahmen:

- Sträucher stark zurückschneiden.
- Schachtelhalmbrühe im Frühjahr und Herbst auf Strauch und Boden spritzen.
- Sauergräser im Umkreis entfernen.

Blattfallkrankheit (Drepanopeziza ribis)

siehe unter Johannisbeeren.

Johannisbeeren

Johannisbeere = Steinbrechgewächs

Rote und weiße Johannisbeeren haben einen hohen Vitamin A und C-Gehalt und enthalten Pektinstoffe. Die Schwarze Johannisbeere ist mit 150 mg pro100 g eine der Vitamin-C-reichsten Früchte. Der Tee aus Blättern ist harntreibend und wird bei Gicht und Rheuma empfohlen. Johannisbeeren nehmen mit jedem Boden vorlieb, sofern er nur etwas humos und nicht sauer ist. Sie sind Flachwurzler, die Bodenbearbeitung darf also nur oberflächig erfolgen. Auch sind sie trockenheitsanfällig. Eine ganzjährige Mulchschicht oder Untersaat mit Klee ist günstig.

Der Schnitt

Rote und weiße Johannisbeeren tragen am zwei- bis dreijährigem Holz, schwarze am einjährigen. Alles ältere Holz (dunkel) wird bodennah abgeschnitten. Es wachsen immer genügend Neutriebe nach. Rote und weiße Johannisbeeren werden im Herbst und Winter geschnitten, schwarze Johannisbeeren gleich nach der Ernte.

Vor dem Schnitt

Schnitt:
Bis zu 10 Neutriebe können stehenbleiben und verjüngen so den Busch immer wieder

Nach dem Schnitt

Johannisbeeren sind Flachwurzler. Deshalb nur flach den Boden lockern und dick mit Mulch bedecken oder Gründünger säen.

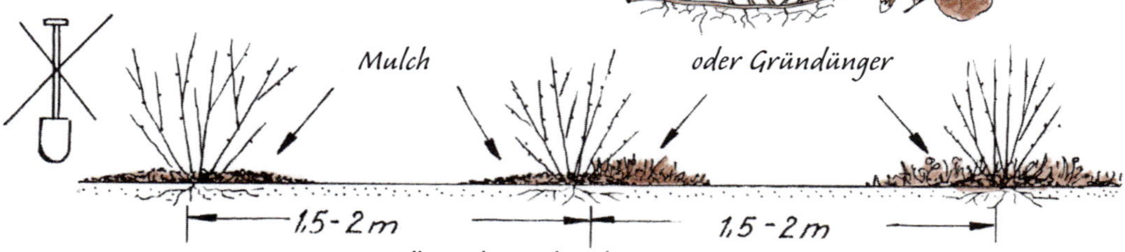

Pflanzabstand 1,5 bis 2 m

Schädlinge und Krankheiten

Blattfallkrankheit (Drepanopeziza ribis)

Neben einem vorzeitigen Welken und Abfallen der Blätter, ausgelöst durch heiße und trockene Sommer, gibt es die durch Pilzbefall auftretende Blattfallkrankheit.

Der Pilz überwintert in abgefallenem Laub, seine Sporen infizieren schon im Frühjahr den Neuaustrieb. Die Blätter bekommen im Mai gelbliche und braune Flecken und fallen im Juli und August ab.

Maßnahmen:

- Zwiebeltee spritzen.
- Laub einsammeln und vernichten.
- Schachtelhalmbrühe und Brennnesseljauche mischen und mehrmals spritzen.
- Im Frühjahr diese Spritzung wiederholen.

Johannisbeersäulchenrost (Cronartium ribicola)

Diese an schwarzen Johannisbeeren (vereinzelt auch an Stachelbeeren) vorkommenden Pilzsporen überwintern an Weymouthkiefern. An Johannisbeeren zeigen sich bei Befall gelbe Flecken mit Pusteln an der Blattunterseite. Die Blätter fallen zu früh ab, und durch die mangelnde Holzreifung gibt es Ertragseinbußen. Maßnahmen:

- Schwarze Johannisbeeren nicht in die Nähe von Weymouthkiefern pflanzen.
- Wermut in die Nähe der Büsche pflanzen.
- Dreimal vor und einmal nach der Blüte mit Wermuttee oder Schachtelhalmbrühe spritzen, auch die Blattunterseiten.

Tierische Schädlinge

wie Läuse und Milben verursachen oft Verformungen der Blätter und Knospen.

Maßnahmen:

- befallene Zweige herausschneiden und vernichten.
- Pflanzenstärkende Spritzungen beugen vor.

Blattfallkrankheit an Johannis- und Stachelbeeren

Schadbild der Johannisbeerblasenlaus

Johannisbeergallmilbe stark vergrößert

Schadbild der Johannisbeergallmilbe

7. Baumobst im Garten

Die meisten Obstarten gehören zu den Rosengewächsen. Sie gedeihen gut in humushaltigen Lehmböden ohne Staunässe. Baumschulen bieten oftmals eine große Sortenvielfalt an und dort kennt man auch am besten die bewährten Sorten der Gegend, deren Bodenansprüche, Platzbedarf und eventuell notwendige Befruchtersorten.

Obstbäume bleiben lange Zeit am gleichen Standort. Deshalb ist eine gute Bodenvorbereitung nötig. Soll eine Obstwiese entstehen, wird das Land zunächst mit Leguminoseneinsaat aufgewertet. Im darauffolgenden Jahr können die Bäume gepflanzt werden. Buschobst hat einen höheren Nährstoffbedarf und soll deshalb in offenem Boden stehen. Auch das offene Land bekommt im Frühjahr eine Gründüngung.

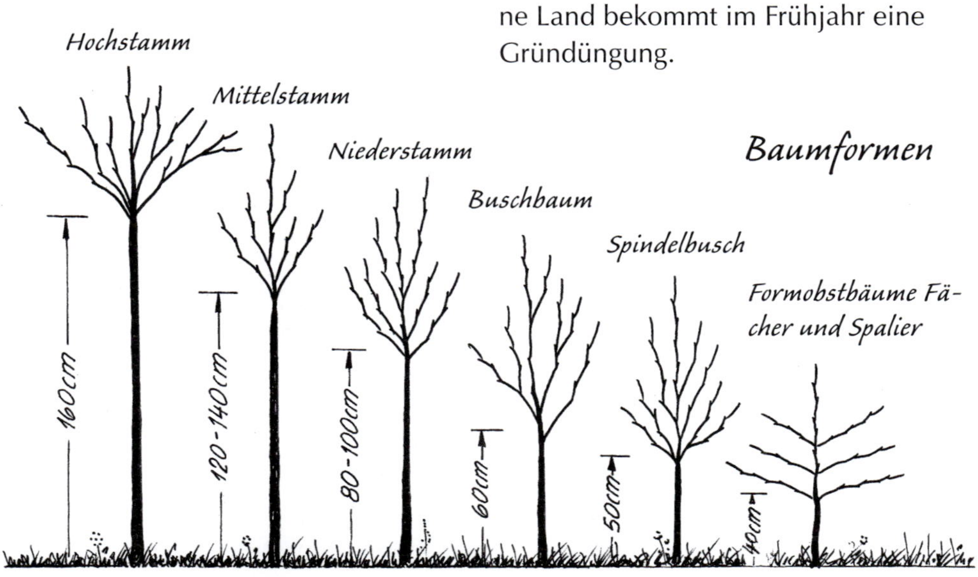

Pflanzen von Bäumen und Büschen

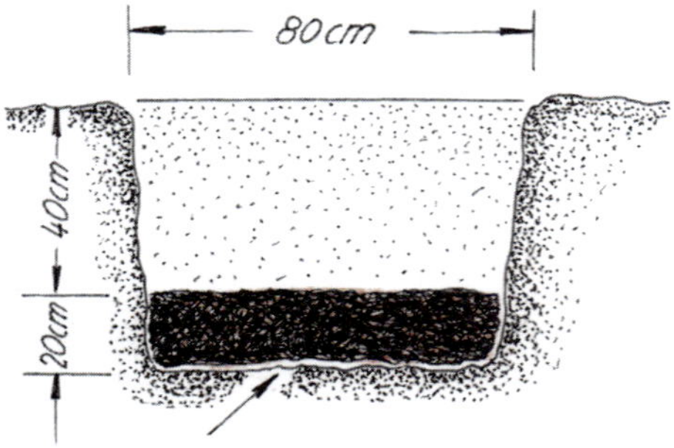

Der Untergrund wird gelockert und mit 1/2 kg Gesteinsmehl gut vermischt

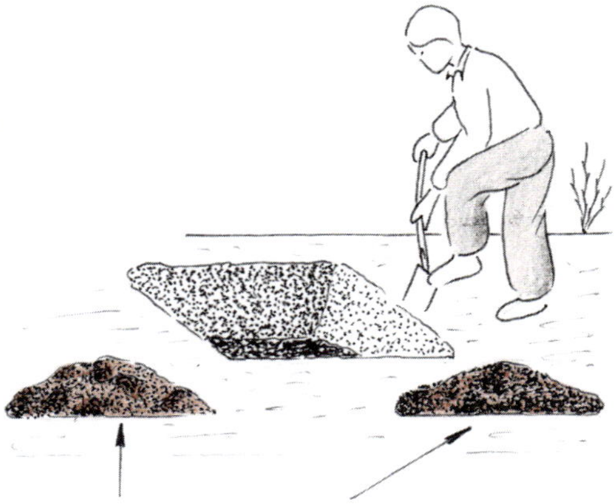

Die oberen und unteren Erdschichten werden getrennt und gelagert. Sie werden je mit 2 - 3 Spaten vollwertigem Reifkompost, 2 kg Gesteinsmehl und 1 - 2 Händen Holzasche vermischt

Beide Erdschichten und der Pflanzgrubengrund werden nun mit Mulchmaterial abgedeckt.

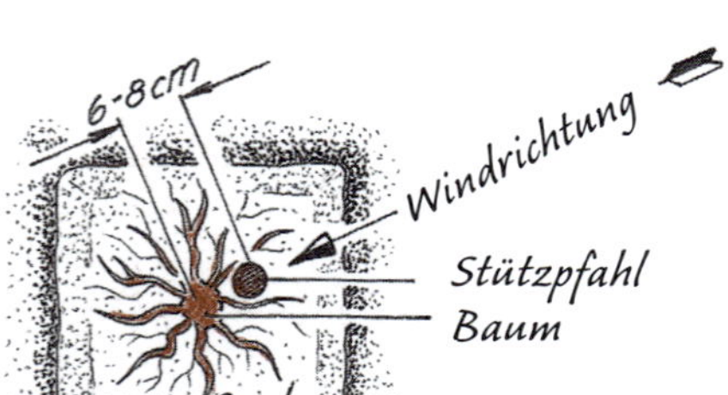

Pflanzung

Das Pflanzen will gut vorbereitet sein. Um eine bessere Verteilung von Erde, Kompost und Gesteinsmehlen zu erreichen, ist es sinnvoll, die Pflanzgruben für die Herbstpflanzung bereits im September, und die für die Frühjahrspflanzung im November des Vorjahres auszuheben. Es ist günstig, die Pflanzung zu zweit vorzunehmen. In das vorbereitete Pflanzloch wird der Pfahl 6-8 cm vom Mittelpunkt der Pflanzgrube entfernt eingesetzt. Beschädigte und dickere Wurzeln werden mit der Schnittfläche nach unten angeschnitten, Faserwurzeln bleiben dabei ungeschnitten

Die Wurzeln werden nun für etwa eine halbe Stunde in einen Lehmbrei (Wasser, Schachtelhalmbrühe, 55% Lehm, 33% Kuhfladen, 6% Algenmehl und 6% Holzasche) oder einfacher, in einen dicklichen Preicobaktbrei getaucht.

Wichtig ist, auf die Veredelungsstelle zu achten. Sie sollte sich nach der Pflanzung, wenn die Erde sich gesetzt hat, eine Handbreit über dem Boden befinden. Dies läßt sich am besten mit einem Meßholz kontrollieren.

Beim Pflanzen werden die Wurzeln so ausgebreitet, dass sie natürlich zu liegen kommen. Alle Hohlräume zwischen den Wurzeln werden mit der aus den tieferen Schichten geholten Erde aufgefüllt. Anschließend wird gründlich gewässert. Dadurch schlämmen auch die Hohlräume zwischen den Baumwurzeln mit Erde zu.

Beim Anbinden empfielt sich, keine dünnen Schnüre oder Draht zu verwenden, weil diese in die Rinde einschneiden!

Als Abschluß der Pflanzung wird die Baumscheibe dicht mit Grobmulch abgedeckt, damit die Feuchtigkeit erhalten bleibt und kein Unkraut aufkommen kann.

Herbstpflanzungen werden im November, Frühjahrspflanzungen im März vorgenommen, wenn die Bäume und Büsche unbelaubt sind. Pfirsich und Aprikose bekommt die Frühjahrspflanzung besser.

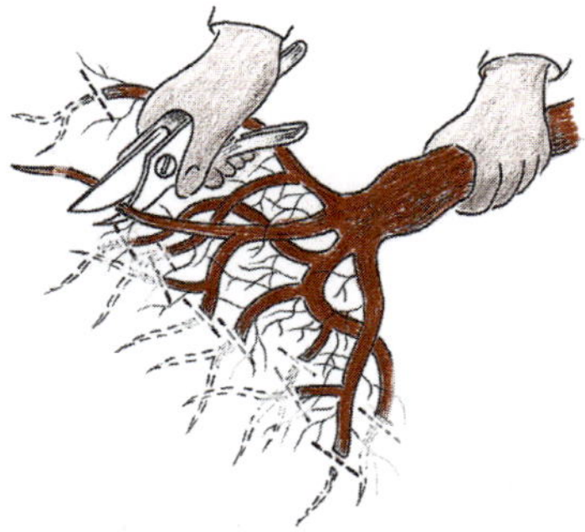

Beim Pflanzen werden beschädigte und dickere Wurzeln mit der Schnittfläche nach unten aufgeschnitten. Faserwurzeln bleiben davon ausgenommen

Veredelungsstelle eine Handbreite über dem Boden

Untergrund gut gelockert

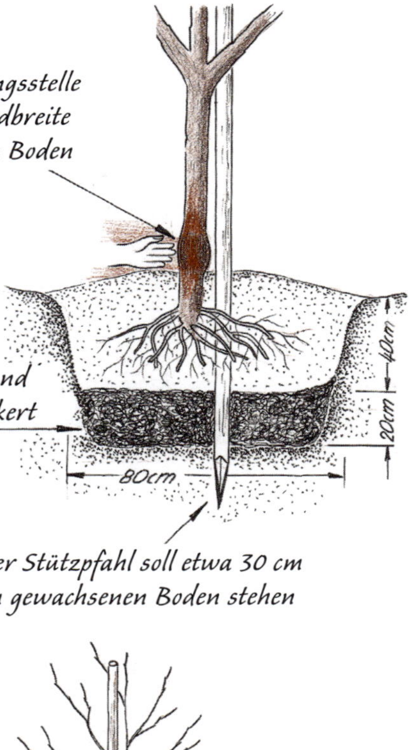

Der Stützpfahl soll etwa 30 cm im gewachsenen Boden stehen

Links: Vor dem Pflanzen werden die Wurzeln in einen Lehmbrei oder in einen Preicobaktbrei getaucht.

Rechts: Mit einem Meßholz wird die richtige Höhe der Veredelungsstelle kontrolliert

Am besten zu zweit pflanzen

Gut wässern

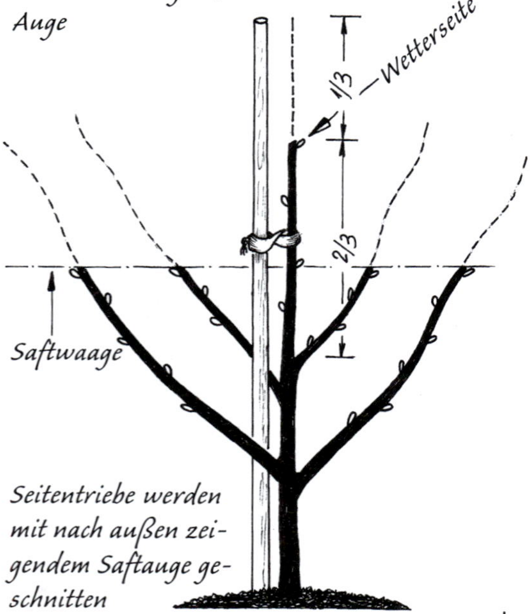

Der Pflanzschnitt

Um das Gleichgewicht zwischen Wurzeln und Krone wieder herzustellen, wird der Baum im Frühjahr zurückgeschnitten (auch bei Herbstpflanzung).

Der Obstbaumschnitt

Die veredelten Obstarten sind so gezüchtet, dass sie, um nicht zu verwildern, regelmäßig geschnitten werden müssen. Neben dem schon erwähnten Pflanzschnitt gliedern sich die Schnittformen in Aufbau- oder Erziehungschnitt, Ertrags- oder Erhaltungsschnitt und Verjüngungs- oder Erneuerungsschnitt.
Es soll nur eine kurze Darstellung der wichtigsten, jährlich notwendigen Schnittarbeiten folgen. Es gibt eine Reihe

Pflanzschnitt Aufbauschnitt Ertragsschnitt Verjüngungsschnitt

Aufbauschnitt (Schematische Darstellung)

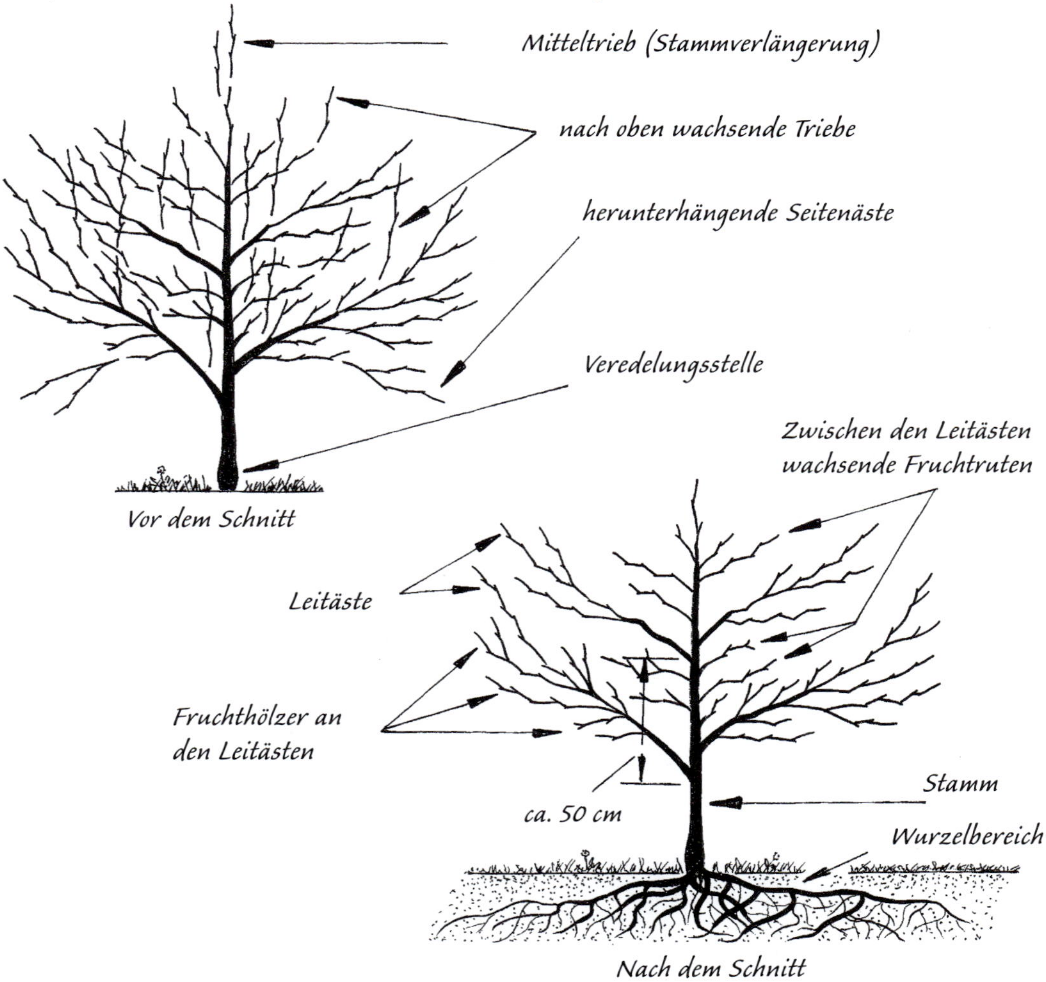

guter Bücher, in denen die Schnittmaßnahmen anschaulich erklärt sind, trotzdem: der richtige Schnitt ist eine Kunst, die nicht nur aus Büchern gelernt werden kann. Die Praxis gehört dazu, darum ist ein Schnittkurs jedem zu empfehlen, der Obst im Garten haben möchte.

Bei starkem Rückschnitt entwickeln Obstbäume ein kräftiges Holzwachstum. Aus allen Knospen sprießen neue Triebe. Da diese meist unerwünscht sind, sollen sie rechtzeitig entfernt werden. Dies ist im ersten Jahr problemlos von Hand möglich.

Solange noch keine Verholzung stattgefunden hat, sind neue Triebe am schnellsten mit der Hand zu entfernen

Einkürzen von Triebspitzen

Schon beim Pflanzschnitt ist beim Einkürzen der richtige Abstand von den Knospen zu beachten, damit es nicht zu vertrockneten Triebspitzen kommt.

An- und Absägen eines Astes

In den untenstehenden Abbildungen wird gezeigt, wie ein Ast an- bzw. abgesägt werden kann, ohne dass seine Rinde durch Ausreißen beschädigt wird. Damit der Sägeschnitt schnell verheilt, wird der äußere Schnittwundrand mit der Hippe (spezielles Messer im Obstbau) nachgeschnitten und geglättet. Anschließend wird die gesamte Schnittfläche mit Baumwachs eingestrichen.

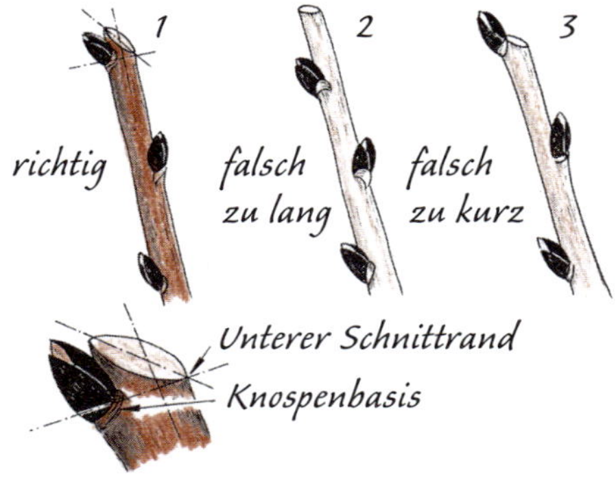

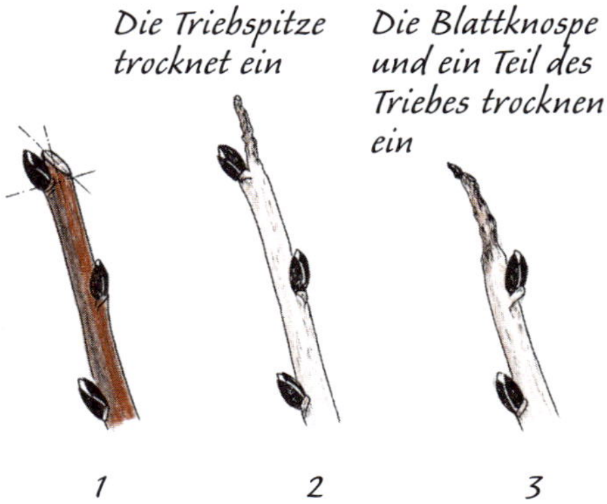

Einkürzen von Triebspitzen:
Bei zu kurzem Schnitt wächst der Trieb nicht mehr in die gewünschte Richtung, ein Nachschnitt ist erforderlich. Eingetrocknete Baumpartien sind ideale Brutstätten für schädliche Pilze und Schadinsekten

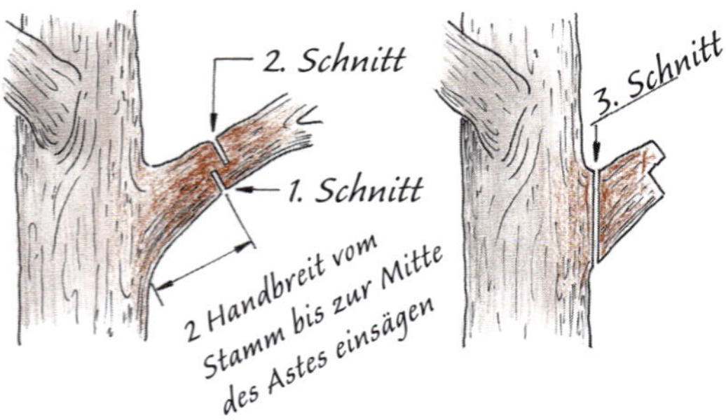

An- und Absägen eines Astes

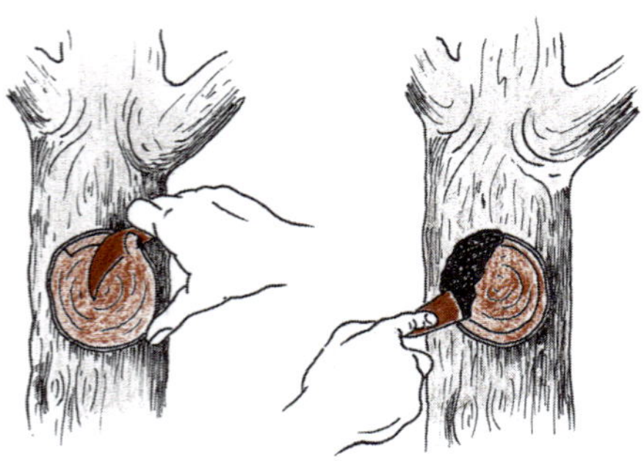

Zur schnellen Verheilung des Sägeschnittes wird der äußere Schnittwundrand mit der Hippe nachgeschnitten und geglättet

Abschneiden von Ästen mit der Gartenschere

Zweig einer Sauerkirsche

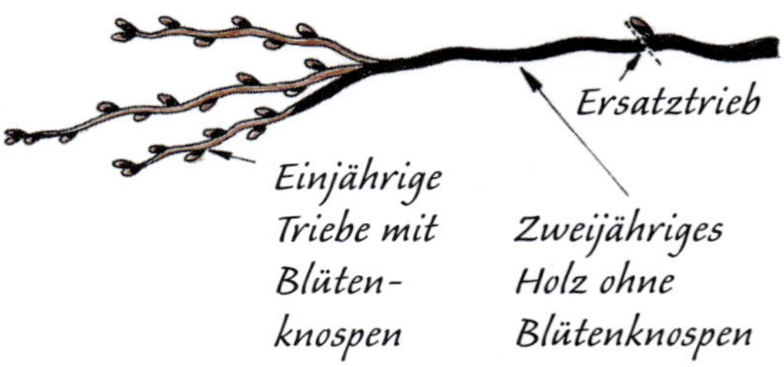

Junge Bäume werden mit einer harten Wurzel-, ältere Stämme mit einer Drahtbürste von Flechten, Moosen und loser Rinde gereinigt

Dünne Zweige und Triebe können mit einer Gartenschere geschnitten werden. Damit der Trieb an der Schnittstelle nicht ausreißt, wird die Schere von unten gegen den Trieb geführt.

Der Steinobstschnitt

Steinobst benötigt eine besonders lichte Krone, denn bei Steinobst findet die Befruchtung durch Windbestäubung statt. Der beste Schnittzeitpunkt ist der Sommer gleich nach der Ernte, denn dann ist der Harzfluss am geringsten. Schattenmorellen und Pfirsiche tragen am einjährigen Holz. Deshalb werden alle Triebspitzen eingekürzt und abgetragene Triebe bis zum Ersatztrieb zurückgeschnitten. Die anderen Steinobstarten werden nicht so radikal geschnitten. Hier reicht der Erziehungschnitt, damit der Kronenaufbau licht bleibt. Wenn die Erträge nachlassen, brauchen alle Steinobstbäume einen Verjüngungsschnitt.

Der Baumanstrich

Ein Baumanstrich schützt die Bäume im Winter vor Frostschäden und bewahrt die Rinde vor Moosbewuchs und Flechten. Der gereinigte Stamm und die dickeren Äste werden entweder im Herbst nach dem Laubfall, spätestens aber im Februar mit Preicobakt oder dem bei der Pflanzung (S. 102) beschriebenen Lehmbrei eingestrichen. Die helle Farbe schützt die Bäume vor dem Aufplatzen. An sonnigen Wintertagen entsteht oft schon so viel Wärme auf den dunklen Stämmen, dass der Saft in den Bäumen zu zirkulieren beginnt. Wenn es dann nachts Frost gibt, platzt die Rinde auf.
Die Inhaltsstoffe der Lehmanstriche, die verdünnt auch in den Kronenbereich gespritzt werden sollten, beugen Schädlings-, Krankheits-, Moos- und Flechtenbefall vor.

Auftragen bzw. Spritzen von Preicobakt oder Lehmbrei

Pflege- und Düngemaßnahmen im Obstgarten

Die Saugwurzeln der Obstbäume befinden sich in der obersten Bodenschicht. Jede tiefe Bodenbearbeitung, vor allem mit dem Spaten, sollte darum unterbleiben. Im Frühjahr wird mit dem Durchreißer flach gelockert. Danach bekommt die Baumscheibe eine dicke Mulchschicht. Ausnahme: bei Wühlmausgefahr wird die Baumscheibe besser mit Kräutern oder Blumen bepflanzt. Geeignet sind alle starkduftenden Pflanzen.
Stehen die Obstbäume auf einer Wiese oder im Rasen, sollte auch hier eine kleine Baumscheibe (etwa 30 Zentimeter) am Stamm offen bleiben.

Zur Düngung werden im Kronentraufenbereich einzelne Rasensoden ausgehoben, Reifkompost oder Brennnesseljauche eingebracht und die Soden wieder aufgelegt.
Das Gras der Obstwiesen darf nicht höher als 10 Zentimeter wachsen und soll nach dem Schnitt an Ort und Stelle liegen bleiben. Im Herbst wird die Baumscheibe abgedeckt. Kapuzinerkresse, Tagetes und andere Pflanzen bleiben einfach stehen und frieren ab. Eine Mulchschicht aus Rasenschnitt kommt für Baumscheiben nur im Notfall in Frage. Besser ist dann Rindenmulch.

Links: Entlüftungsring am Baumstamm
Rechts: Im Kronentraufenbereich werden einzelne Rasensoden ausgehoben, Dünger eingebracht und die Soden wieder aufgelegt

Obstkrankheiten und -schädlinge

Monilia (Spitzendürre)

Sowohl Kern- als auch Steinobst wird von diesem Pilz befallen. Der Pilz überwintert in Fruchtmumien, in alten Blütenständen und auf Zweigen. Er wird durch Wind und Regen auf die Blütennarben getragen. Maßnahmen:

- Befallene Zweige welken rasch und müssen umgehend entfernt werden; Schnitt bis zum gesunden Holz.
- Obstbehang früh ausdünnen.
- Meerrettich auf Baumscheiben setzen, Meerrettichblätter- und Wurzeltee in die Blüte spritzen.
- Bei Vorjahresbefall während der Blüte wiederholt mit Pflanzenstärkungsmitteln spritzen.

Schorf

Dieser Pilz überwintert auf Blättern, die am Boden liegen. Die Sporen werden mit dem Wind in die Bäume getragen. Dort vermehrt sich der Schorf bei anhaltend feuchtem, warmen Wetter stark, und zwar an Früchten und Blättern. Die Sporen keimen bei 15°C Lufttemperatur erst nach 9 Stunden. Eine gute Durchlüftung der Baumkronen, weite Pflanzabstände und glatte Stämme und Äste werden den Schorfbefall gering halten. Maßnahmen:

- Herabgefallenes Laub sofort entfernen.
- Bei anfälligen Sorten (Auskunft in der Baumschule) und bei Vorjahresbefall je nach Witterung alle 8 - 14 Tage vor, während und nach der Blüte Bio-S spritzen.
- Zur Vermeidung von Lagerschorf ab 6 Wochen vor der Ernte insgesamt dreimal mit einer Mischung aus Schachtelhalmbrühe und Algifert spritzen.

Von Monilia befallene Früchte

Mohrenkopf (nur bei Lagerobst)

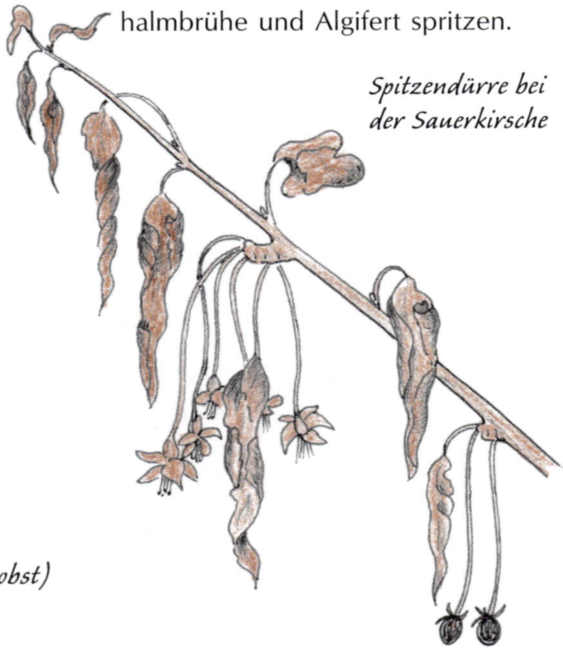

Spitzendürre bei der Sauerkirsche

Schorf bei Äpfeln und Birnen

Fraßbild des Kleinen Frostspanners

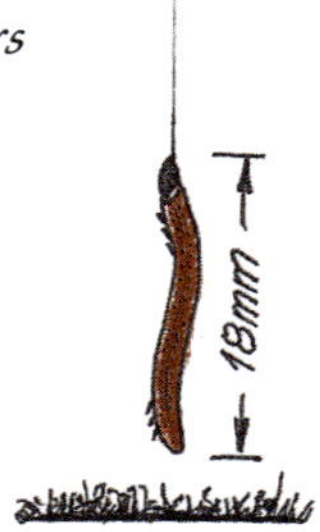

An einem Faden lassen sich die Larven zu Boden gleiten, wo sie als Puppe bis zum Herbst bleiben

Kleiner Frostspanner

Das Männchen fliegt von Oktober bis Dezember. Das flugunfähige Weibchen kriecht am Baumstamm empor und wird im Baum befruchtet. Den Weg zur Baumkrone versperrt ein Leimring, der von Oktober bis Dezember fest um den Stamm gewickelt und dann verbrannt wird. Leimringe sollen nur dann angelegt werden, wenn im Frühjahr Fraßschäden festgestellt werden, da sich auch Nützlinge im Leim verfangen. 200 bis 300 Eier legt das Weibchen in die Nähe der Winterknospen. Die Eier sind anfangs blaßgrün und verfärben sich dann orange. Die ca. 18 mm lange Raupe ist grün und bewegt sich buckelartig vorwärts. Sie frißt von März bis Mai an jungen Blüten und Blättern, ja sogar an Früchten. Maßnahmen:

- Vögel fördern.
- Winterspritzung mit Pflanzenstärkungsmitteln.
- Bei Befall Spritzung kurz vor der Blüte mit Bacillus thurigiensis-Präparaten.
- Leimringe anlegen.

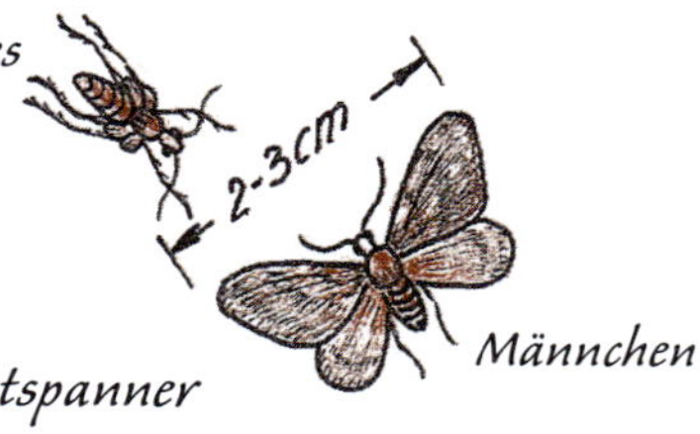

Kleiner Frostspanner

Ein Leimring versperrt dem Weibchen den Weg zur Baumkrone

Apfelwickler

Der Wurm im Apfel ist die Made des Apfelwicklers. Das Weibchen legt die Eier einzeln an Blätter und Früchte. Die geschlüpfte Raupe frißt sich in die Frucht hinein und zerstört das Kerngehäuse. Befallene Früchte neigen zur Frühreife und fallen vorzeitig ab. Die Raupen verlassen die Frucht und wandern auf den Baum zurück, wenn das Fallobst nicht schnell aufgesammelt wird. Maßnahmen:

- Fanggürtel aus Wellkarton anlegen. Ende Mai wird der Fanggürtel angebracht und bleibt bis Ende Juli hängen (evt. zwischendurch erneuern). Abgenommene Fanggürtel vernichten. Um auch die zweite Generation Apfelwickler fernzuhalten, wird ein neuer Fanggürtel bis Ende September angelegt und anschließend vernichtet.
- Lose Rinde mit scharfer Bürste entfernen.
- Aufhängen von Duftstofffallen.
- Förderung der natürlichen Feinde, wie Vögel und Fledermäuse.

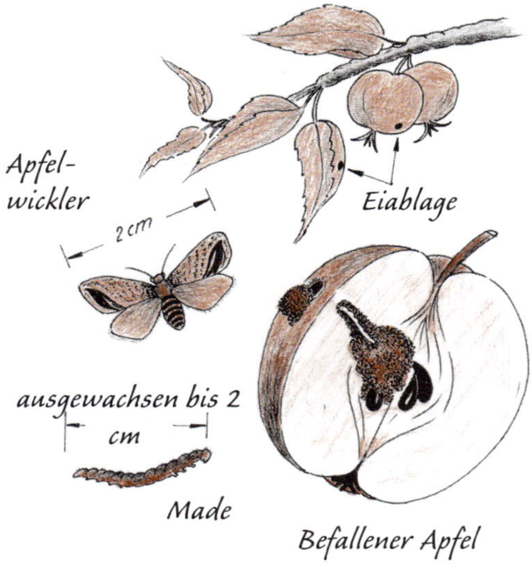

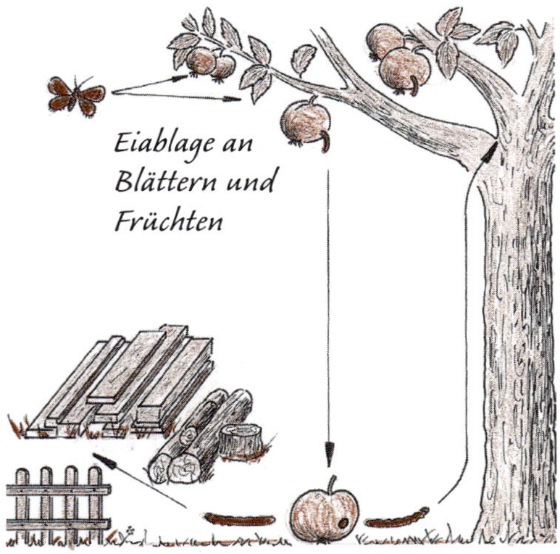

Die Apfelwickler-Maden überwintern in Bretterfugen, Holzstapeln, Holzzaunspalten und unter loser Baumrinde

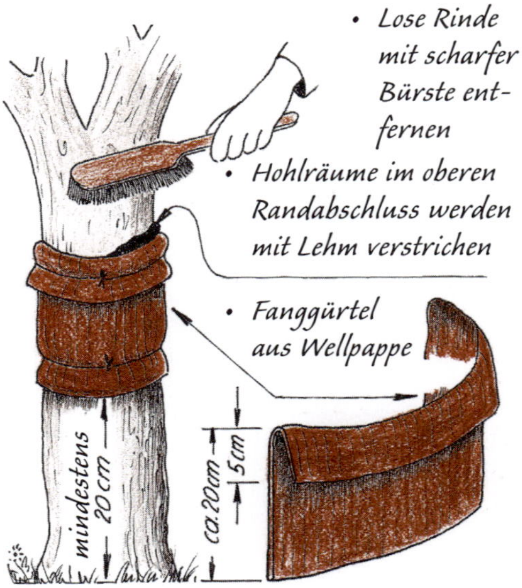

Maßnahmen

• Fallobst auflesen und vernichten

• Aufhängen von Duftstofffallen

8. Biologischer Pflanzenschutz im Garten

Lebendiger Boden, ausgewogene Düngung, passende Mischkulturen und Förderung der Nützlinge (siehe Seite 127 ff) sind gute Voraussetzungen für ein gesundes Pflanzenwachstum. Trotz guter Pflege und Vorsorge kann es aber zu Befall kommen, z. B. durch extreme Witterung oder durch schlechtes Saatgut. Für diese Fälle und auch für die Anfangszeit, wenn der Garten noch nicht sein Gleichgewicht gefunden hat, ist das Wissen um Krankheiten, Schädlinge und deren Bekämpfung wichtig.
Unterschieden werden Stoffwechselkrankheiten, Befall durch Bakterien, Pilze und Viren, Insekten und Milben und andere Tiere, wie Schnecken, Mäuse und Wild.
Stoffwechselkrankheiten sind Störungen, die durch Saftstau in der Pflanze verursacht werden. Dies kommt besonders bei extremen Witterungsverhältnissen vor wie große Hitze, Kälte oder anhaltender Regen.
Durch Dauerregen verdichteter Boden schränkt den Luftaustausch ein, die Trockenheit bei Hitze führt zu Wassermangel und bei Kälte gerät das ganze Wachstum ins Stocken. Stoffwechselkrankheiten machen sich durch Hungerwuchs, Verfärbungen und Wuchsverzögerungen bemerkbar. Derartig geschwächte Pflanzen sind anfällig für alle Krankheiten und Schädlinge.

Bakterien und Pilze

Unzählige nützliche Bakterien und Pilze helfen bei der Humusbildung, der Stickstoffbindung und beim Abbau von Schadstoffen. An dieser Stelle soll jedoch nur von den pflanzenschädigenden Bakterien- und Pilzkrankheiten die Rede sein. Sie werden oft durch Witterungsextreme ausgelöst. Schlechte Bodenstrukturen oder eine einseitige Düngung können ebenfalls Verursacher sein.
Vorbeugende Pflanzenschutzmaßnahmen sind besonders wichtig. Ist der Befall erst da, kann allenfalls die Ausbreitung gestoppt werden.

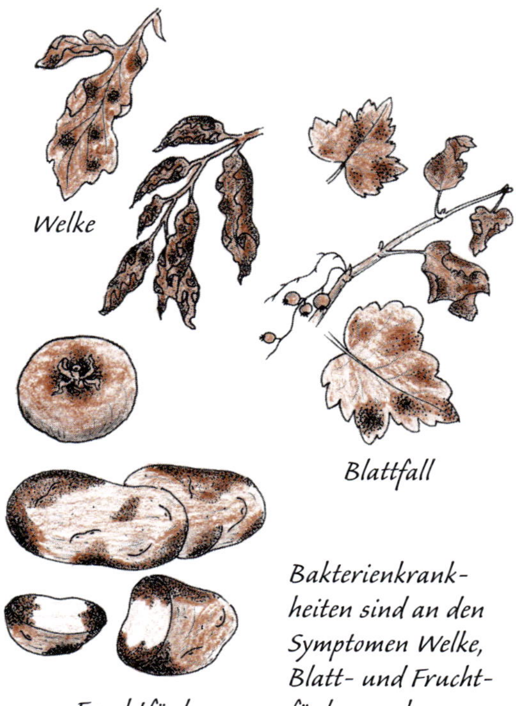

Bakterienkrankheiten sind an den Symptomen Welke, Blatt- und Fruchtfäule zu erkennen

Biologischer Pflanzenschutz

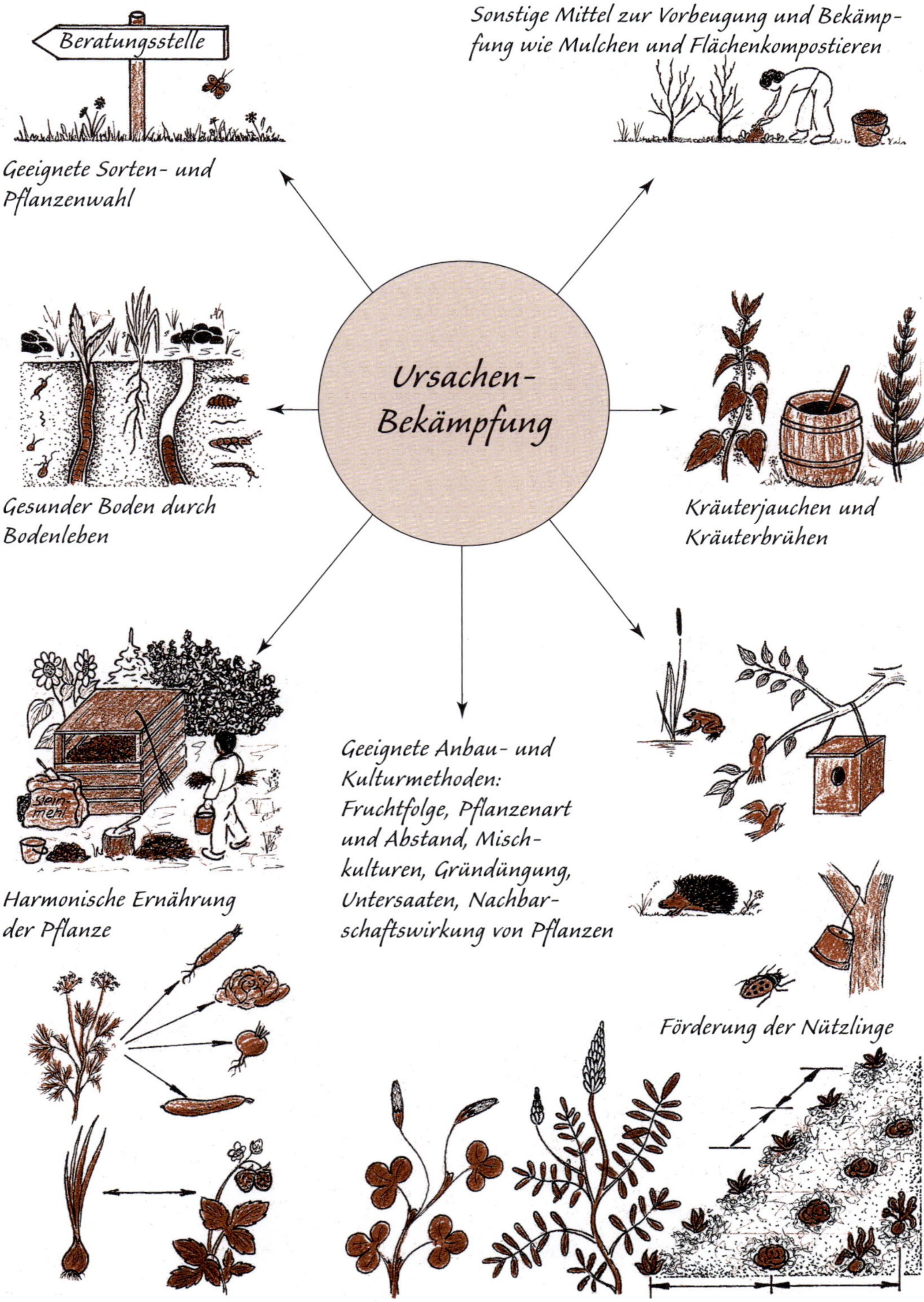

Echter Mehltau

Vorbeugende Maßnahmen:
- Wahl von gesundem Saatgut.
- Saatbäder aus Kräuterextrakten.
- Gießen mit Brennnesseljauche.
- Spritzen von Schachtelhalmbrühe oder käuflichen Kieselsäurepräparaten.
- Pflanzenstärkung durch Algifert-spritzung.
- Kompost statt triebiger Düngung.

Der Echte Mehltau überzieht Blätter und Triebe mit einem mehlig-weiß-grauen Belag

Mehltau

Jede Mehltauart hat ihre spezifische Wirtspflanze und wird im Sommer von Pflanze zu Pflanze übertragen. Am Ende der Vegetationszeit tritt der Befall stärker auf. Das Myzel überwintert auf abgestorbenem Laub.
Es wird unterschieden in Echten Mehltau (Erysioceae) und Falschen Mehltau (Poronosporaceae). Der Echte Mehltau bildet einen mehlig-weiß-grauen Belag auf den Blättern und Triebspitzen. Er befällt Apfel-, Quitten- und Pfirsichbäume, Erd- und Stachelbeeren, Erbsen, Gurken, Rosen, Reben und einige Zierpflanzen. Es gibt resistente Sorten (beim Kauf von Pflanzen und Saatgut danach fragen).

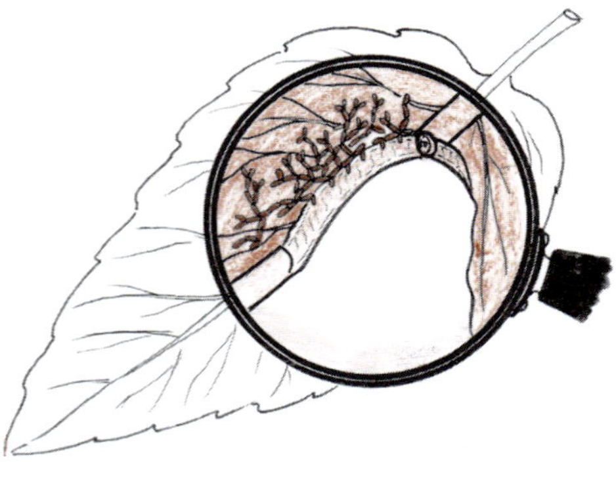

Echter Mehltau
Das Myzel wächst auf der Blattoberseite und breitet sich dort aus

Falscher Mehltau
Das Myzel siedelt sich auf der Blattunterseite an und wächst von hier in das Blattinnere

Fäulnispilze überwintern in Fruchtmumien und an Triebspitzen

Schwül-warmes Wetter und milde Winter fördern die Ausbreitung, aber auch bei trockener Witterung tritt er auf. Bei dicht stehenden und ungeschnittenen Obstbäumen kann Mehltau großen Schaden anrichten.
Der Falsche Mehltau braucht zu seiner Verbreitung eine feuchte Witterung. Seine Myzelien dringen tief ins Blattgewebe ein. Darum ist eine Bekämpfung schwierig und sollte durch vorbeugende und pflanzenstärkende Maßnahmen überflüssig gemacht werden.

Fäulnispilze bei Obst

Verfärbungen, braune oder schwarze Flecken, die nach und nach die ganze Frucht befallen, auf und in der Frucht, sowie trockene, eingesunkene Stellen sind Zeichen von Pilzbefall.

Maßnahmen

zusätzlich zu den schon genannten vorbeugenden Maßnahmen gegen Pilzbefall:

- Guter Auslichtungsschnitt an den Bäumen.
- Im Juni zweimal mit z.B. Bio-S spritzen
- Lagerfrüchte zum richtigen Zeitpunkt pflücken.
- Lagerobst regelmäßig kontrollieren und aussortieren.
- Fruchtmumien entfernen.

Viruskrankheiten (Virosen)

Die Schadbilder sehen recht unterschiedlich aus. Verformungen wie Zwergwuchs oder verkrüppelte Früchte sind ebenso vorhanden wie Blattverfärbungen in Mosaikmustern.
Bei einigen Virosen ist der Schaden gering, kann jedoch bei anderen Virosen und unter ungünstigen Witterungs- und Ernährungsbedingungen zu völligem Ernteausfall führen.
Die Viren sind winzige Lebewesen, die im Pflanzensaft leben. Das erklärt die leichte Übertragbarkeit durch: Nematoden (Fadenwürmer) im Boden, saugende Insekten, Geräte und durch Hände. Virosen sind nicht heilbar, sondern nur durch vorbeugende Maßnahmen zu vermeiden.

Pfeffinger Krankheit tritt vorwiegend an Süßkartoffeln auf. Bei starkem Auftreten kommt es zu großen Ertragsverlusten.

Gurkenmosaik wird durch die Pfirsichblattlaus übertragen.

Grünscheckenmosaik ist samen-, boden- und saftübertragbar

Maßnahmen

- Beim Einkauf virusfreie Pflanzen und Jungbäume verlangen.
- Nach der Arbeit an befallenen Pflanzen Hände und Werkzeuge desinfizieren.
- Bekämpfung der Virusüberträger (Blattläuse, Milben u.a.)
- Magermilchspritzungen schützen ge sunde Pflanzen vor Infektion
- Kranke Pflanzenteile vernichten.

Artspezifische Krankheiten werden in den entsprechenden Kapiteln behandelt.

Insekten und Milben

Nicht jede Blattlaus oder Raupe schädigt unsere Pflanzen. In einem biologischen Garten dienen sie den Nützlingen als Nahrung.
Erst bei einseitigem und starkem Auftreten wirken sie zerstörend.

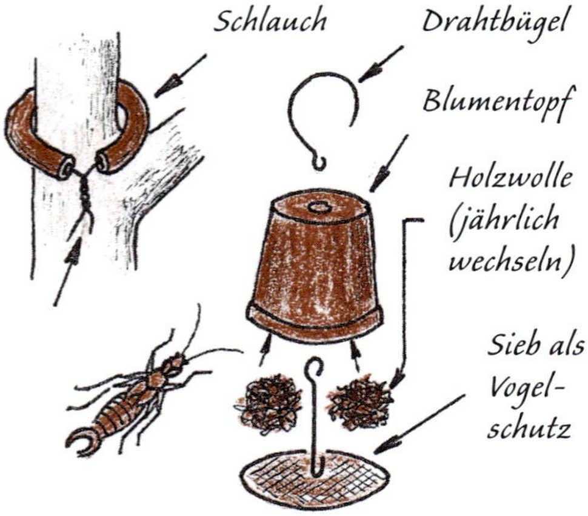

Ohrwurmbehausungen

Der Ohrwurmtopf muss so aufgehängt werden, dass Baumberührung vorhanden ist

Der Einsatz von Insektiziden schädigt die sowieso geringere Anzahl von Nutzinsekten sowie die Vögel und ihre Brut stärker als die zahlreichen, robusten Schadinsekten. Das Ungleichgewicht zwischen Nützlingen und Schädlingen verschiebt sich weiter zugunsten der Schädlinge.

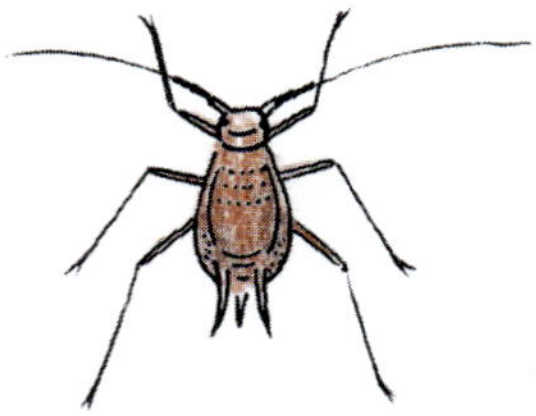

Grüne Pfirsichblattlaus

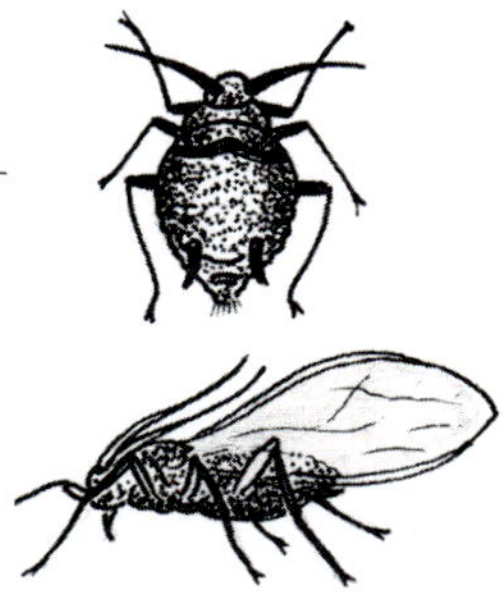

Schwarze Bohnenblattlaus

Schwarze Kirschblattlaus

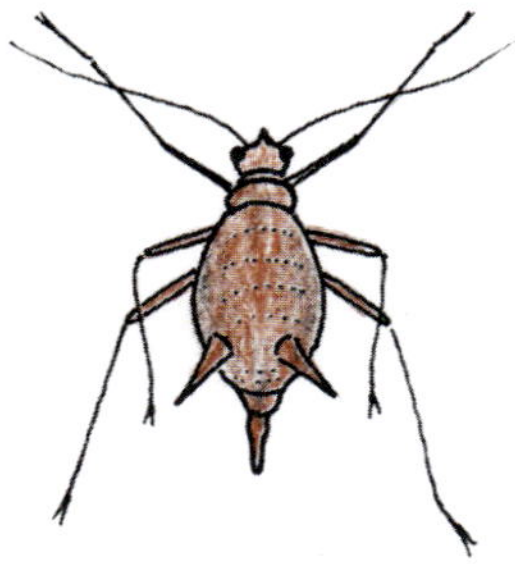

Erbsen-Blattlaus

Blattläuse

Sie können Kulturpflanzen bei massenhaftem Auftreten sehr schädigen. Dies geschieht besonders in trockenen, verdichteten Böden und bei trocken-warmer Witterung.

Schadbilder

Durch Ausscheidung überschüssigen Zuckers aus dem ausgesogenen Pflanzensaft bildet sich Honigtau. Auf diesem klebrigen Belag siedelt sich schwarzer Pilzbelag, der Rußtau, an.
Durch Saugen an Blättern und Trieben entstehen gekräuselte und eingerollte Blätter, es kommt zu Wachstumsstörungen. Blattläuse können Viruskrankheiten übertragen.

Blattlausbefall

Maßnahmen

- Förderung der Nützlinge (Vögel und Insekten) durch Bereitstellen von geeigneten Unterkünften.
- Ein Befall im Übermaß deutet auf Unregelmäßigkeiten im Saftstrom der Pflanze hin. Das läßt sich oft schon in kurzer Zeit durch Lockerung des Bodens, durch Bewässerung und anschließendem Mulchen beheben.
- Kräftigung der Pflanzen durch Spritzen mit flüssigem Algendünger oder anderen Pflanzenstärkungsmitteln.
- Abstreifen der Läuse mit der Hand (Handschuh benutzen)
- Mit starkem Kaltwasserstrahl abspritzen, Blattunterseiten nicht vergessen.
- Spritzen mit: Kochwasser von Kartoffeln, Zwiebelschalentee u.a. (siehe Seite 132).
- Stäuben mit Steinmehl oder Algenkalk.

Blattlaus-Befall im Übermaß deutet auf Unregelmäßigkeiten im Saftstrom der Pflanze hin. Dies lässt sich durch Lockerung des Bodens, Bewässerung und Mulchen beheben

In einem gut gelockerten Boden ist der Gasaustausch (Kohlendioxid) gewährleistet. Austretendes Kohlendioxid vertreibt die Blattläuse

Entwicklungszyklen der Blattläuse

Die meisten Blattlausarten legen im Herbst ihre Eier in Knospen- und Rindenritzen der Gehölze. An diesen geschützten Stellen überwintern die Eier. Im Frühjahr schlüpfen die Stammmütter aus. Sie gebären lebende Junge. Bis zum Herbst können 13 bis 16 Generationen ungeschlechtlich geboren werden. Diese Tatsache und die kurze Entwicklungszeit der Blattlaus begünstigen das häufig massenhafte Auftreten der Schädlinge.

Wird es in der Blattlauskolonie zu eng oder ist nicht mehr genügend Nahrung vorhanden, entstehen geflügelte Läuse. Fliegend oder vom Wind getragen, gelangen diese Tiere an neue Nahrungspflanzen und bilden neue Kolonien. Nur im Herbst gibt es bei den Blattläusen Männchen und Weibchen. Die befruchteten Weibchen legen die unempfindlichen Wintereier.

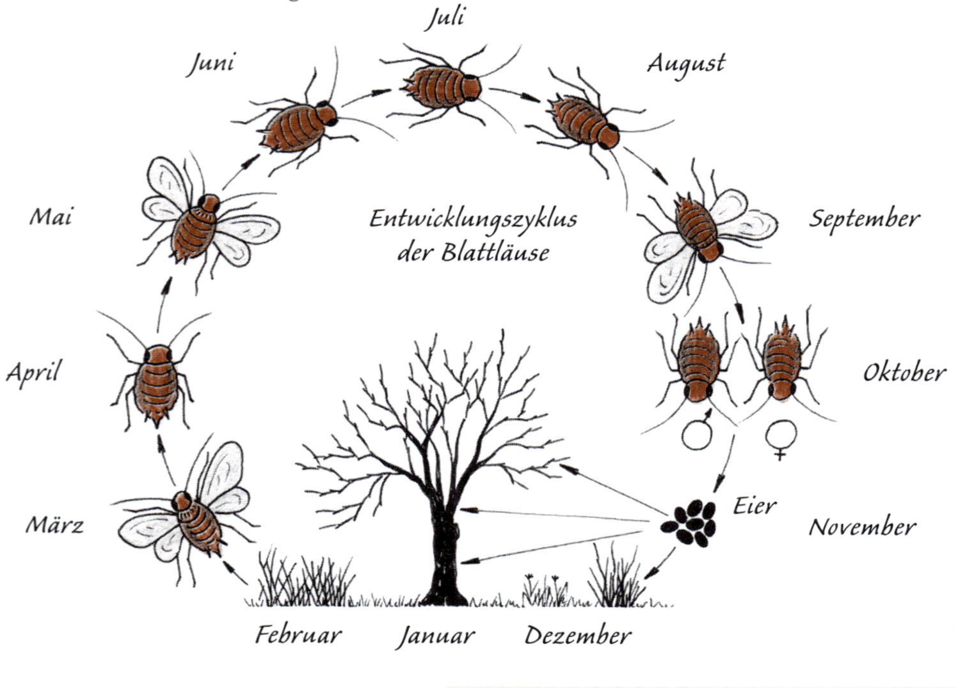

Thripse, Blasenfußarten

Die hellen Larven saugen an Erbsen, Lauch, Gurken, Zwiebeln und anderen Pflanzen. Es kommt zu Verkrüppelungen und Wachstumshemmungen. Thripse entwickeln pro Sommer meist drei Generationen. Sie treten besonders stark bei warmem, trockenen Wetter auf.

Thripse Larve

Schadbild

Kleine, silbrig-weiße Flecken; dicht daran sind auch schwarze Kotflecken zu erkennen. Die Blätter werden weißscheckig und auf der Unterseite schmierig. Junge Blumenkohlpflanzen können sich ohne Röschen entwickeln. Früchte werden rauschalig.

Maßnahmen

- Pflanzen vor Trockenheit und Hitze durch Mulchen und Gießen bewahren (im Gewächshaus durch Sprühen und Lüften).
- Saat- und Pflanzenbäder mit Kräuterextrakten.
- Vor der Blütezeit blaue Leimtafeln aufstellen.
- Gezielter Einsatz von Nutzinsekten (Raubwanzen und Raubmilben), vor allem im Gewächshaus.

Schadbild

Weiße Fliege (Trialeurodes vapoariorum und Aleurodes prodetella)

Der gelbliche Körper und die weißen Flügel dieses Schädlings sind mit weißem Wachs fein überstäubt.
Die weiße Fliege sowie ihre Gelege und Larven sind auf den Blattunterseiten zu finden. Hier finden sie auch Überwinterungsmöglichkeiten, vor allem am Kohl. Im Gewächshaus hat die Weiße Fliege optimale Lebensbedingungen, weshalb sie dort sehr verbreitet ist. Ein Befall ist leicht festzustellen: Wenn die Blätter bewegt werden, steigen die Insekten auf.

Schadbild

Helle Saugstellen an den Blättern. Schäden vor allem durch Absonderung von Honigtau und damit wie bei Blattlausbefall Gefahr der Rußtaubildung.

Maßnahmen

- Boden gut feucht halten, lockern und mulchen.
- Stäuben mit Gesteinsmehl und Algenkalk (Blattunterseite).
- Spritzen mit Pflanzenextrakten (siehe Seite 131 ff.).
- Im Gewächshaus kann die Zehrwespe eingesetzt werden.

Weiße Fliege

Spritzen mit Pflanzenextrakten

Im Gewächshaus kann die Zehrwespe (Erzwespe) eingesetzt werden

Milben

Milben sind kleinste Spinnentiere von etwa 0,5 mm Größe. Sehr groß ist die Zahl der verschiedenen Arten. Ein Teil lebt räuberisch, andere saugen Pflanzensäfte und können erheblichen Schaden anrichten, besonders im Obstanbau.
Im Gemüsebau ist die Gemeine Spinnmilbe am schädlichsten. Kälteunempfindlich überwintern Spinnmilben als ausgewachsene Tiere in lockerem Boden, unter Blättern oder in Ritzen der verschiedenen Hölzer und Gehölze.

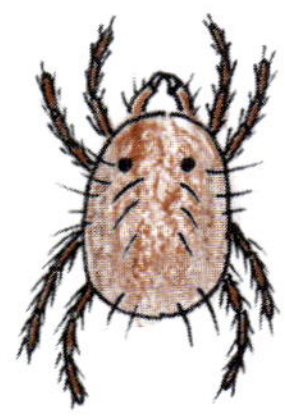

Gemeine Spinnmilbe

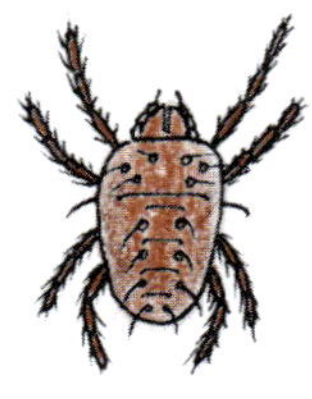

Rote Spinne

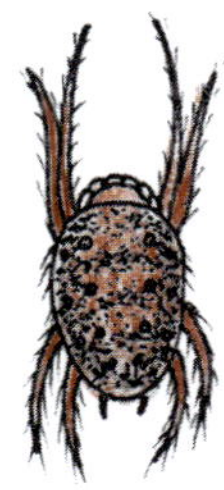

Obstbaum-Spinnmilbe

Stachelbeer-Spinnmilbe

Maßnahmen

- Stäuben mit Gesteinsmehl oder Algenkalk.
- Spritzen mit Pflanzenextrakten (siehe Seite 131 ff.)
- Förderung der Nützlinge.

Artspezifische Schadinsekten werden in den entsprechenden Kapiteln behandelt.

Schäden durch Vögel

Kohl-, Blaumeisen, Heckenbraunelle, Gartenrotschwanz, Baumläufer, Zaunkönig, Rotkehlchen, Eulen und viele andere Vögel sind im Garten sehr nützlich.
Andere Vögel wie Grünfink, Sperling, Amsel, Tauben, Drossel und Star können beträchtliche Schäden im Nutzgarten anrichten. Durch Scharren im Kompost und humosen Boden werden Regenwürmer herausgekratzt, Kirschen und Beeren angehackt und größere Samenkörner weggescharrt oder aufgepickt. Der sicherste Schutz vor Vögeln sind Netze, die über Saatbeete, Jungpflanzen, Sträucher oder Obstbäume gespannt werden.
Damit die Vögel sich nicht auf Beeten und Kompost aufhalten, sind auch Reisigabdeckungen und das Spannen von Fäden oder Drähten hilfreich, wobei blaue Fäden am wirkungsvollsten sind. Andere Methoden, mit denen die Vögel durch Geräusche vertrieben werden sollen, sind nur für kurze Zeit erfolgsversprechend. Die Vögel gewöhnen sich schnell daran.

Vögel können im Nutzgarten beträchtlichen Schaden anrichten

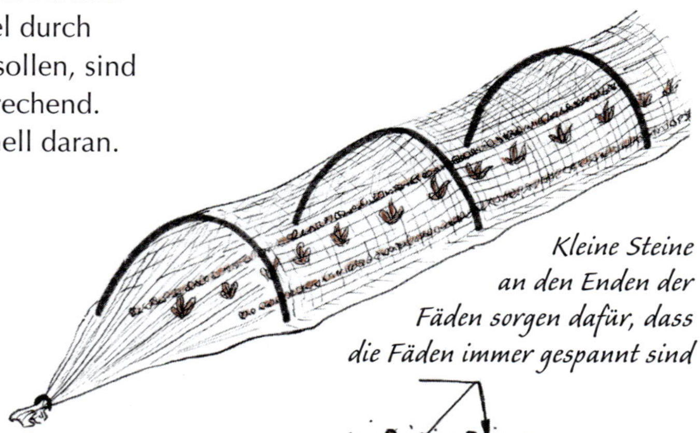

Der beste Schutz vor Vögeln sind Netze über Pflanzen, Sträuchern und Bäume

Kleine Steine an den Enden der Fäden sorgen dafür, dass die Fäden immer gespannt sind

Die Fäden lassen sich abheben und auch wieder auflegen

Reisigabdeckung

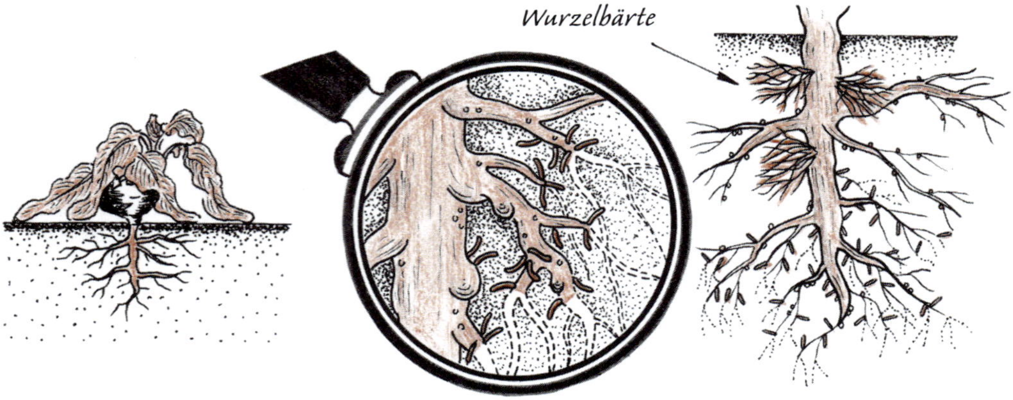

Nematoden (Fadenwürmer und Älchen)

Die meisten Arten dieser bis zu 1 mm großen Fadenwürmer sind schädlich. Sie leben im Boden und saugen an den unterirdischen Pflanzenteilen.

Schadbild

Gallen- und Zystenbildung im Wurzelbereich. Wurzelteile sterben ab. Oberhalb der geschädigten Wurzeln bilden sich Wurzelbärte. Bei starkem Befall vergilben und verwelken die oberirdischen Pflanzenteile.

Maßnahmen

- Möglichst vierjähriger Fruchtwechsel
- Befallene Flächen mit Tagetes nana bepflanzen. (Die Wurzelausscheidungen von Tagetes nana bringen die Nematoden zum Schlüpfen. Sie können sich aber von Tagetes nicht ernähren und gehen ein).
- Pflanzen von den befallenen Beeten (auch das Unkraut) nicht auf den Kompost bringen, besser verbrennen.
- Nur mäßiger Stickstoffdünger.

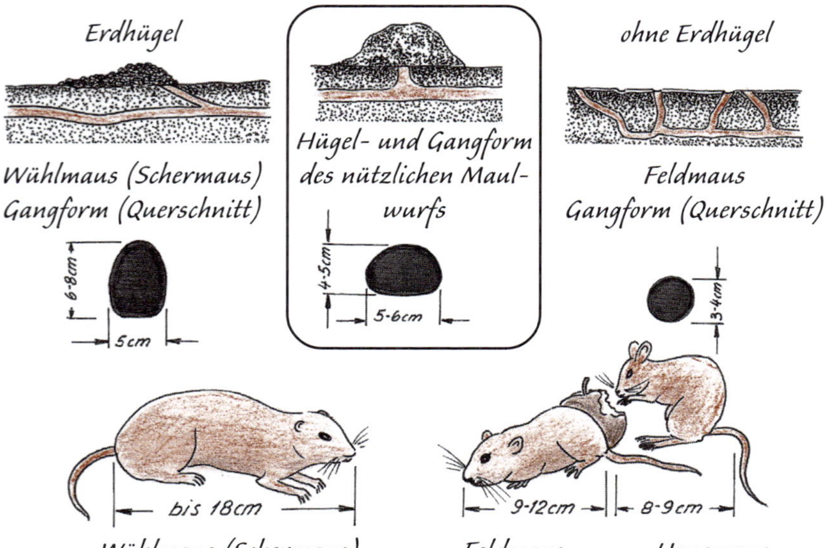

Wühlmaus (Schermaus) (Arvicola terrestris)

Feldmaus (Microtus arvalis)

Hausmaus (Mus muculus)

Mäuse und Wühlmäuse

Feld- und Wühlmäuse können sich stark vermehren, wenn natürliche Feinde fehlen. Der angerichtete Schaden kann erheblich sein. Wühlmäuse sind imstande, das Wurzelwerk ganzer Bäume wegzufressen und diese so zum Absterben zu bringen. Feldmäuse nagen an allen Pflanzen, gerne auch an Erdbeeren.

Mäuse und Wühlmäuse mögen Knoblauch, Kaiserkrone und Wolfsmilchgewächse nicht

Maßnahmen

- Das Anpflanzen von vertreibenden Pflanzen wie Knoblauch, Kaiserkrone oder Wolfsmilchgewächsen ist nur in leichten Böden und dort auch nur mäßig erfolgreich.
- Förderung der natürlichen Feinde durch das Bereitstellen von Unterkünften (Werkbuch Biogarten, siehe Literatur).
- Aufstellen von Greifvogelstangen in freiem Gelände.
- Katzen im Garten halten.
- Das sicherste Mittel ist das Aufstellen von Fallen, wobei Lebendfallen bevorzugt werden sollten.

Feinde von Feld- und Wühlmäusen

Wühlmausfallen

Die Spannbügelfalle muss mit Köder aufgestellt werden

Schlagfalle zum Fangen von Feldmäusen. Um Vögel und Igel zu schützen, wird die Falle in einem Tunnel aufgestellt (gefertigt aus drei Brettern). Als Köder haben sich halbierte Haselnüsse bewährt. Mäuse gehen nicht in Fallen, die nach Menschen riechen. Deshalb vor dem Aufstellen der Fallen Hände mit stark riechenden Kräutern einreiben oder Handschuhe anziehen.

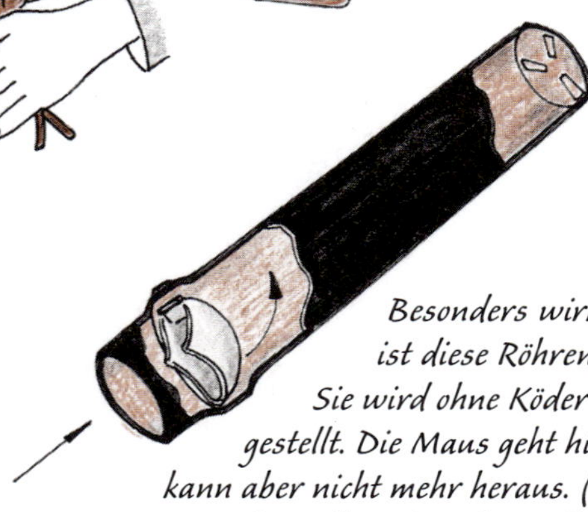

Besonders wirksam ist diese Röhrenfalle. Sie wird ohne Köder aufgestellt. Die Maus geht hinein, kann aber nicht mehr heraus. (Aufgestellte Fallen öfters kontrollieren)

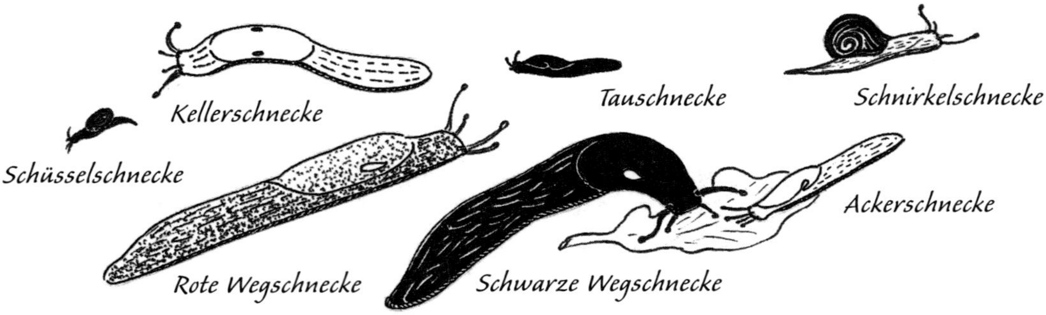

Schnecken

Vielen Gärtnern entstehen durch Schneckenfraß an ihren Pflanzen große Probleme. Nacktschnecken fressen oft große Mengen, in feuchten Jahren sind über Nacht mitunter ganze Saatbeete kahlgefressen.

Vorbeugende Maßnahmen:

- Viele Tiere fressen Schnecken oder ihre Eier. Einige lassen sich im Garten durch das Bereitstellen geeigneter Unterkünfte ansiedeln. Hühner und Enten vertilgen viele Schnecken, wenn sie von klein auf daran gewöhnt werden, ihre Haltung macht aber auch Arbeit.
- Kompostmaterial auf Schnecken und Eier überprüfen.
- Mulchmaterial vor dem Streuen antrocknen lassen.
- Bei nasser Witterung nicht mulchen, sondern öfter hacken.
- Bodenbedeckung aus Fichtennadeln oder Gerstenstreu.
- Reichlich Kaffeesatz um die Pflanzen legen.
- Teuer aber effektiv ist ein Schneckenzaun.

Maßnahmen

- Absammeln ist immer noch die erfolgreichste Methode. Um die Schnecken an einem Platz zu versammeln, werden Bretter oder Rhabarberblätter ausgelegt, unter denen die Schnecken tagsüber Unterschlupf finden. Hier können

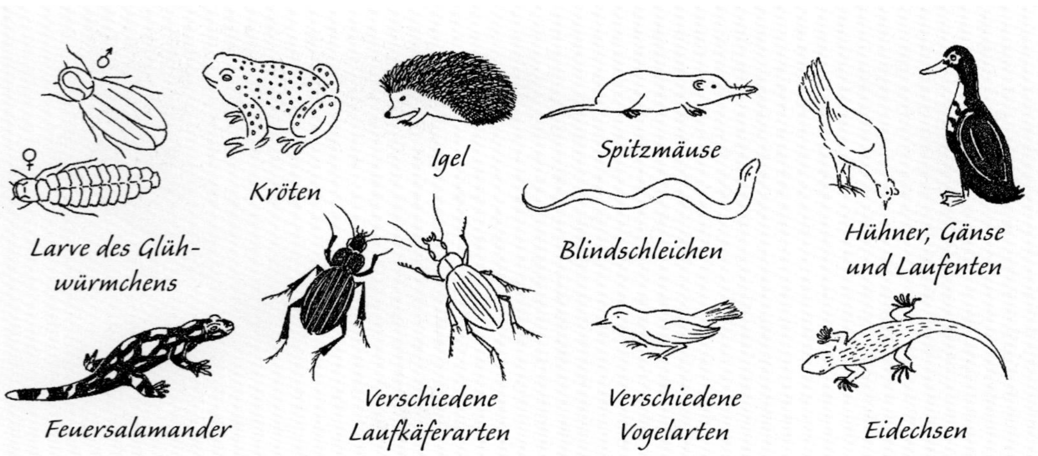

Die natürlichen Feinde von Schnecken

Vorbeugend gegen Schnecken:
Abwehrpflanzen wie Begonien, Pastinaken, Knoblauch, Schafgarbe und Rainfarn auslegen (links) oder mit einem Auszug aus Abwehrpflanzen übersprühen (rechts)

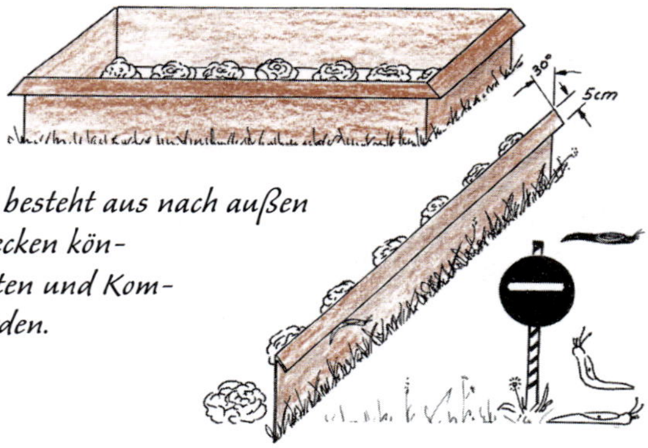

Schneckenzaun:
Vorteilhaft bei angrenzenden Wiesen. Der Zaun besteht aus nach außen umgebogenem, verzinktem Eisenblech. Die Schnecken können den Winkel nicht überwinden. Frühbeetkästen und Kompostplätze können so schneckenfrei gehalten werden.

sie bequem eingesammelt werden. Wird zwischen gefährdeten Pflanzen kleine Haufen Weizen- oder Roggenschrot ausgelegt, können hier die Schnecken abends oder frühmorgens abgesammelt werden. Allerdings birgt das Anlocken mit Lieblingsspeisen (dazu gehören auch Bierfallen) immer die Gefahr, dass Schnecken von weit her angelockt werden, die sonst beim Nachbarn geblieben wären.

- Kaffeesatz um die Pflanzen hält Schnecken vom Fressen ab. Ebenso ist das Ausstreuen von trockenen Materialien wie Algenkalk, Holzasche und Gesteinsmehl um und auf die Pflanzen abschreckend. Beides sollte nach Regenfällen erneuert werden.

Roggen- oder Weizenschrot lockt Schnecken an

Bei Dunkelheit Schnecken einsammeln

Schnecken suchen gerne tagsüber Unterschlupf unter Rhabarberblättern und Brettern

Um Schnecken abzuhalten, werden Holzasche, Gesteinsmehl und Algenkalk ringförmig um die Pflanzen gestreut. Dies muss nach jedem Regen wiederholt werden.

- Schnecken haben eine feine Nase und lassen sich durch den Duft verschiedener Pflanzen abschrecken. Dazu gehören: Begonie, Pastinake, Knoblauch, Schafgarbe und Rainfarn. Diese werden entweder als Auszug über Pflanzen und Beete gegossen oder als ganze Pflanze zwischen den Reihen ausgelegt.
- Tote Schnecken niemals liegenlassen. Schnecken fressen auch Aas und werden davon angelockt.

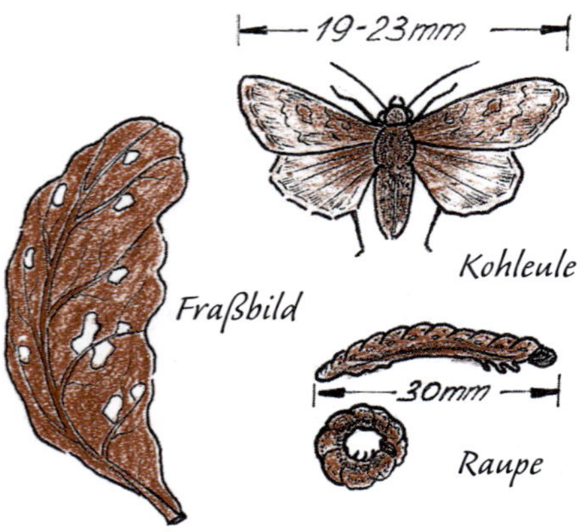

Kohleule:
Die lichtscheuen Falter fliegen von Juni bis September. Die Eier werden einzeln an die Blätter der Kohlpflanze gelegt und deshalb oft übersehen

Erdraupen

Die Raupen verschiedener Nachtfalter fressen nachts und kriechen tagsüber in den Boden oder zwischen Blätter, was besonders bei Kohl unangenehm ist. Die Raupen werden bis 6 cm groß, sind grau bis braun und rollen sich ein, wenn sie gestört werden.

Maßnahmen

- Mischkultur mit Tomate und Sellerie.
- Algenkalk stäuben.
- Rainfarn-, Wermuttee und andere stark riechende Kräuterauszüge zur Geruchsüberdeckung spritzen.
- Raupen absammeln. Man kann sie mit einer angefeuchteten Kleie-Zucker-Mischung ködern.
- Boden öfter 1 bis 2 Zentimeter tief hacken.
- Amseln fressen gerne Erdraupen.

Kleintiere und Nutzinsekten helfen bei der Schädlingsbekämpfung

In einem naturnah gestalteten Garten finden vielerlei Kleintiere und Nutzinsekten Unterschlupf, deren Nahrung vorwiegend aus Schnecken, Larven, Schadinsekten, Mäusen und Ratten besteht (siehe Tab. S. 128). So wird mit der Zeit ein Gleichgewicht zwischen Schädlingen und Nützlingen hergestellt, was für ein gesundes Pflanzenwachstum förderlich ist.
Im Biogarten sind daher nachfolgende Tiere und Insekten gerne gesehen:

Blindschleichen

halten sich gern in Gebüschen und an böschigen Hängen auf. Die feuchte Wärme eines Komposthaufens wird besonders gern als Unterschlupf und Aufzuchtplatz für den Nachwuchs aufgenommen.

Eidechsen

bevorzugen einen trockenen und warmen Lebensraum. Steinhaufen in sonniger Lage sowie Trockenmauern sind ideale Aufenthaltsplätze für Eidechsen.

Kröten

mögen feuchte Gartenpartien. Gern halten sie sich unter dichtem Blattwuchs auf (z.B. Buschbohnen o.ä.). Zur Vermehrung sind natürliche Gewässer erforderlich.

Salamander

lieben feuchte Plätze mit Flachwasser. Sie sind nur nachts aktiv.

Salamander

Spitzmaus

Spitzmäuse

vertilgen pro Tag ihr Eigengewicht an Insekten, Larven und Schnecken. Reisig- und Laubhaufen werden als Unterschlupf angenommen.

Fledermaus

Fledermäuse

jagen nachts. Sie fressen Insekten (Wickler, Spanner, Schnaken u.a.), die am Tage von Vögeln nicht erwischt werden.

Biologische Schädlingsbekämpfung

		Hauptnahrung													Schutzmöglichkeiten													
		Ratten	Mäuse (⊕ Nestbeute)	Insekten	Nachtinsekten	Blattläuse	Insekteneier	Insektenlarven	Insektenpuppen	Milben	Schnecken	nur Nacktschnecken	Würmer	organische Abfälle	Standort schonen	Hecken, Gebüsch	alte Bäume erhalten	Reisighaufen o.ä.	Steinhaufen	frostfreier Winterschlafplatz	Wasserstellen	Kunstnester	Kunsthöhlen, Steine	Blumentopf mit Holzwolle	Boden nicht wenden	org. Düngung, Abdeckung	Hund und Katze fernhalten	giftfrei gärtnern
Säugetiere	Fledermaus				●										●		●			●			●				●	●
	Igel		⊕				●				●		●		●	●		●									●	●
	Maulwurf							●	●				●															
	Spitzmaus		●	●				●			●				●			●									●	●
	Mauswiesel	●	●																●									
Vögel	Gartengrasmücke			●				●							●	●											●	●
	Gartenrotschwanz			●				●							●	●	●						●				●	●
	Gartenspötter			●				●							●	●											●	●
	Gr. Fliegenschnäpper			●				●							●		●						●				●	●
	Hausrotschwanz			●				●							●				●				●				●	●
	Mauersegler			●											●								●				●	●
	Meise			●				●							●		●						●				●	●
	Rotkehlchen			●				●							●	●	●	●			●		●				●	●
	Schwalbe			●											●							●						●
	Specht			●				●	●						●		●						●				●	●
	Steinkauz	●	●	●											●		●						●					●
	Wendehals			●				●							●		●						●				●	●
	Zaunkönig			●				●							●	●	●	●									●	●
Lurche	Blindschleiche			●				●				●	●		●	●			●						●		●	●
	Zauneidechse			●				●			●		●		●	●			●						●		●	●
	Bergmolch							●				●	●		●	●					●				●		●	●
	Erdkröte											●	●		●	●			●		●				●		●	●
	Gelbbauchunke			●											●	●					●				●		●	●
	Grasfrosch			●				●				●	●		●	●					●				●		●	●
Gliederfüßler	Florfliege (Larve)					●																						●
	Laufkäfer							●	●		●														●			●
	Marienkäfer					●																						●
	Ohrwurm			●		●																		●	●			●
	Schlupfwespen					●	●	●	●																			●
	Schwebfliege (Larve)					●																						●
	Spinnen			●				●																				●
	Springschwänze													●											●	●		●
	Wanzen (Versch.Art.)					●		●		●																		●
	Regenwurm													●											●	●		●

Kleines Wiesel (Mauswiesel)

Igel

Wiesel

Wiesel jagen besonders Wühlmäuse und Ratten. Reisig- und Steinhaufen gewähren ihnen Schutz.

Marienkäfer (Coccinellidae)

Marienkäfer, von denen es viele Arten gibt, überwintern und suchen im Frühling vorerst auf Wiesen und Brachland nach Blattläusen. Die Käfer sowie ihre Larven ernähren sich von Blattläusen. Eine Larve frisst 200 bis 600 Blattläuse bis zu ihrer Verpuppung. Es kommt in Mitteleuropa meist nur zu einer Generation auf einjährigen Kulturen, so dass Marienkäfer durch Insektizide, besonders im Frühling, stark der Dezimierung ausgesetzt sind.

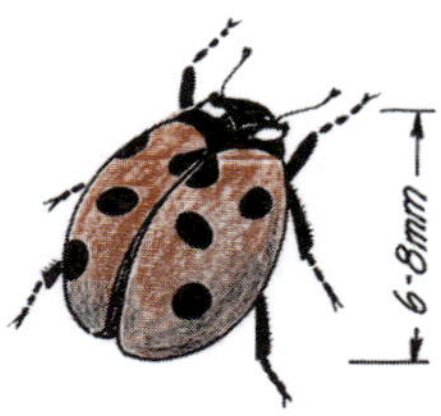

Siebenpunkt-Marienkäfer (Coccinella septempunctata)

Eier

Das aus 10 - 20 gelben, senkrecht stehenden, länglichen Eiern bestehende Gelege befindet sich auf der Blattunterseite

Larve

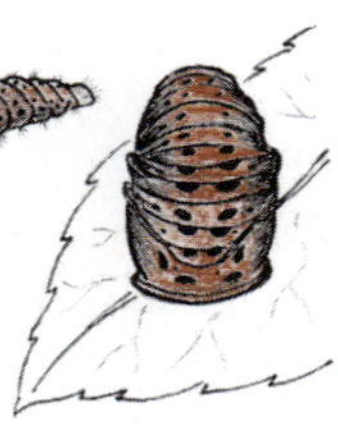

Puppe

Igel

sind besonders nützlich. Ihre Nahrung besteht vorwiegend aus Raupen und Schnecken. Dichtes Unterholz, Reisig und Laubhaufen sowie Steinhöhlen bieten ihnen Unterkunft.

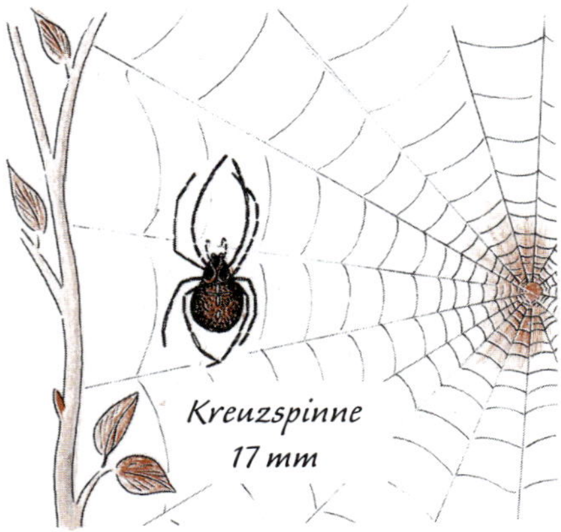

Kreuzspinne 17 mm

Spinnentiere

Auch wenn Spinnen bei vielen Menschen unbeliebt sind, bei der Bekämpfung von Schadinsekten im Garten sind sie sehr nützlich. Beobachtungen haben ergeben, dass die Beute im Netz der Kreuzspinne z.B. zu etwa 80% aus geflügelten Blattläusen bestand. Eine Kreuzspinne vertilgt im Jahr etwa 2 kg Insekten. Nicht alle Spinnen bauen Fangnetze. Einige Arten jagen ihre Beute oder springen sie an. Auch Spinnmilben (kleiner als 1 mm) sind sehr nützlich: Sie sind der größte Feind der schädlichen Roten Spinne.

Nutzinsekten

Blind- und Blumenwanzen
2 - 8 mm

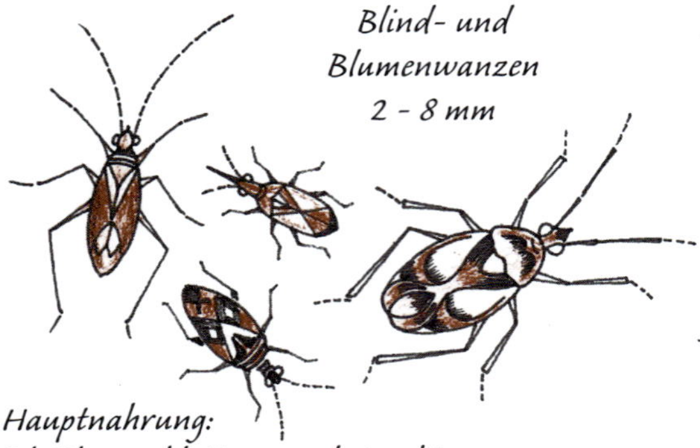

Hauptnahrung:
Blattläuse, blattsaugende Insekten, Spinnmilben und kleine Raupen

Laufkäfer
17 - 27 mm

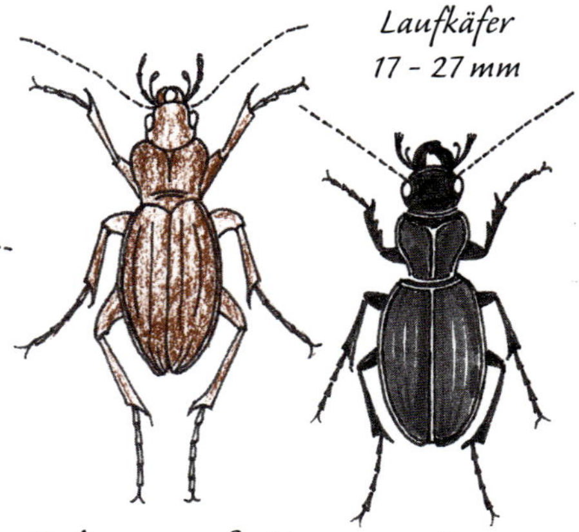

Sie fressen große Mengen von Larven, Puppen, Raupen und Schnecken

Schwebfliege
10 - 12 mm

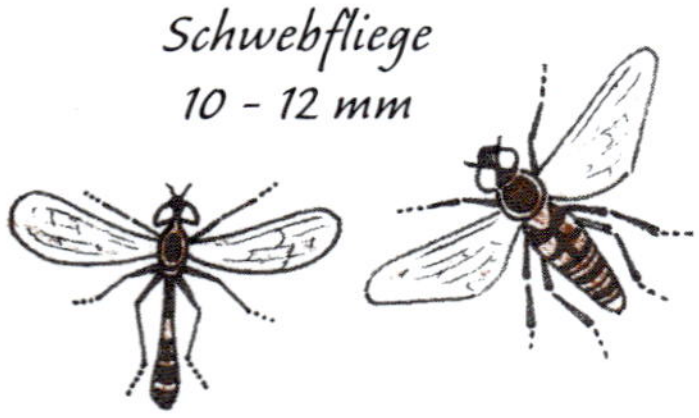

Die Schwebfliege ernährt sich von Blütennektar. Nützlinge sind die Larven. Sie verzehren bis zu ihrer Verpuppung 200 - 800 Blattläuse

Schlupfwespe
14 - 18 mm

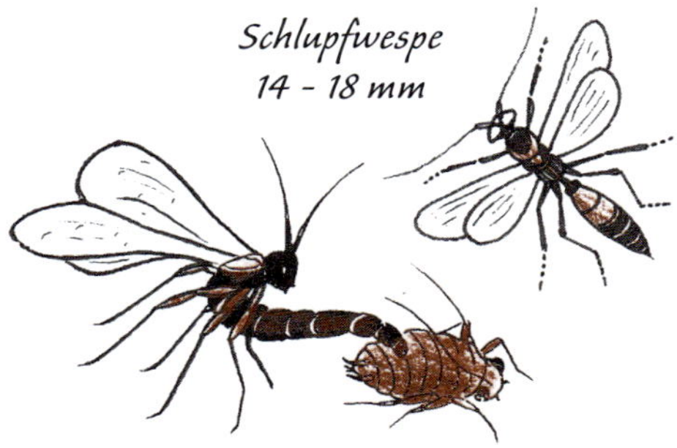

Ein Weibchen belegt bis zu 1000 Blattläuse mit ihren Eiern

Ohrwurm
14 - 23 mm

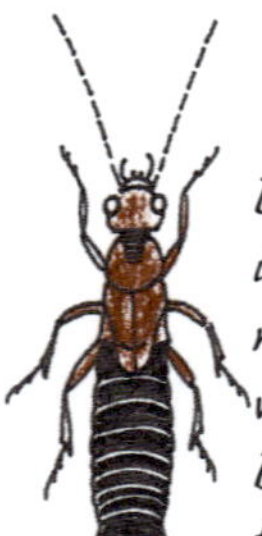

Der Ohrwurm ist ein Nachträuber. Er lebt von Insekten. Besonders gern tritt er in Blattlauskolonien auf

Florfliege
15 mm

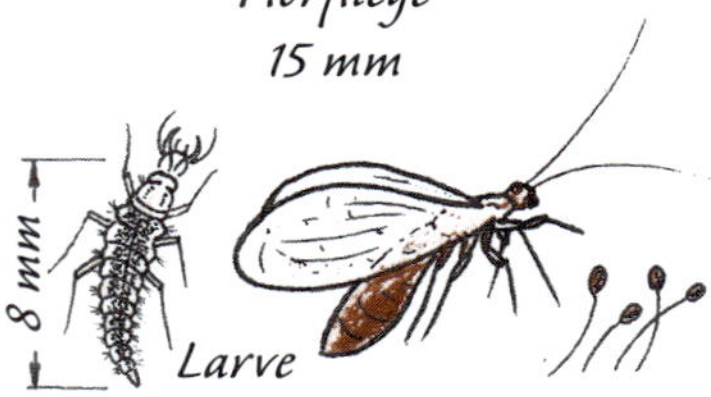

Die Larve der Florfliege lebt von Blattläusen und anderen Schädlingen

Marienkäfer
5 - 8 mm

Die Käfer und ihre Larven ernähren sich vorwiegend von Blattläusen

Soldatenkäfer
15 mm

Er ernährt sich von Insekten und anderen Schädlingen

Glühwürmchen
12 - 18 mm

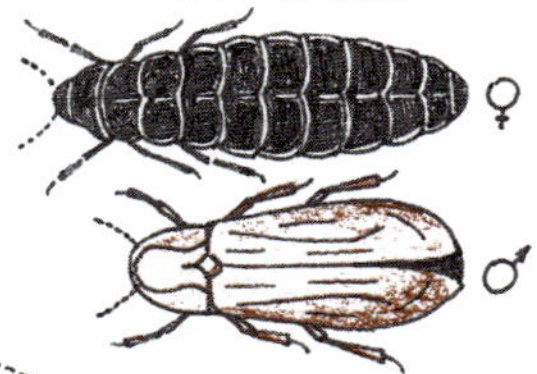

Die Larve lebt von Schnecken

Erzwespe
(Zehrwespe)
2 mm

Die Larve lebt von Schild- und Blutläusen

Hilfs- und Pflegemittel für die Pflanzen

Neben den vielen käuflichen Pflanzenstärkungs- und -schutzmitteln speziell für den naturnahen Anbau (siehe Seite 136) gibt es eine Reihe von Kräuterzubereitungen, die selbst hergestellt werden können.
Nachfolgend werden die verschiedenen Zubereitungsarten kurz beschrieben. Da die benutzten Töpfe schwer zu reinigen sind, ist es sinnvoll, einen Extratopf dafür zu reservieren, am besten aus Edelstahl.

Kaltwasserauszug

Frische oder getrocknete Kräuter maximal 12 – 24 Stunden in kaltem Wasser ziehen lassen und sofort verwenden.

Brühe

Frische oder getrocknete Kräuter 24 Stunden in kaltem Wasser ziehen lassen, dann zum Kochen bringen und 20 Minuten leicht köcheln, abkühlen lassen und innerhalb von zwei Tagen verbrauchen.

Jauche

Grüne Pflanzenteile in einem mit Regenwasser gefüllten Behälter (Holz oder Kunststoff) einweichen. Deckel lose auflegen und die Jauche täglich umrühren. Solange es beim Rühren schäumt, ist die Jauche in Gärung. Erst danach kann sie als Dünger (unbedingt verdünnen) im Wurzelbereich der Pflanzen angewendet werden.

Tee

Frische oder getrocknete Kräuter mit heißem Wasser übergießen, 24 Stunden ziehen lassen und innerhalb von zwei Tagen verbrauchen.

Käufliche Hilfs- und Pflegemittel

SPS

Konzentrat aus Wildkräuterextrakten mit Protoanemonin. Pilz-und Virusvorbeugemittel mit hoher Wirksamkeit. Es hat sich zur guten Stecklingsbewurzelung und zur Pflege von Aussaaten und pikierten Jungpflanzen gegen Keimlingspilze bewährt.

Bio-S

Aus einer Kombination von Kalk, silikonhaltigen Mineralien, Heilkräutern, Meeresalgen und Schwefel besteht dieses gegen Pilzbefall vorbeugende und pflanzenstärkende Mittel. Bio-S wird hauptsächlich gegen Schorf und andere Pilzkrankheiten im Obst- und Gemüsebau gespritzt.

Algifert

Konzentrat aus Meeresalgen, Auxinen und Enzymen mit zahlreichen Spurenelementen.

Preicobakt

Dieses Pulver aus organischen und mineralischen Natursubstanzen hat sich bei Obstgehölzen während des blattlosen Zustands als Vorbeugemittel gegen Moose, Flechten, Frostschäden und Knospenfraß durch Vögel bewährt. Außer zum Stammanstrich kann es auch als Kronenspritzung verwendet werden.

Spritzplan für Jauchen und Brühen aus Kräutern

Kräuter	Konzentration	Anwendung		
		Zeit	Ort	Zweck
Brennnessel Vergorene Jauche	1 kg frische Brennnessel in 5 l Wasser 20fach verdünnen	Ganzjährig	Pflanze	Insektenabwehr und Kräftigung der Pflanzen
	10fach verdünnen	Ganzjährig	Boden	
Gärende Jauche 4-5 Tage alt	1 kg frische oder 250 g getrocknete Brennnessel auf 5 l Wasser 10fach verdünnen	Ganzjährig	Pflanze	Bei Läusebefall oder auch als Beigabe zum Kompost (grüne Pflanzen sind wirksamer)
Ackerschachtelhalm Brühe oder Tee	1kg frischer oder 150 g getrockneter Ackerschachtelhalm in 10 l Wasser 5fach verdünnen. Auch in Kombination mit Brennnessel möglich	Im Frühjahr und mehrmals im Sommer, vormittags bei Sonne	Pflanze	Stärkung der Pflanze. Bei Pilzkrankheiten wie Schorf, Rost, falschem und echtem Mehltau, Monilia, auch bei Kräuselkrankheit
Rainfarn Jauche oder Brühe bzw. Tee	300 g frisches Material auf 10 l Wasser unverdünnt	Winter Sommer	Pflanze Boden	Gegen Schädlinge wie z.B. Blattwespe, Erdbeerblütenstecher, Himbeerkäfer, Brombeermilbe u.a.
	2fach verdünnt	Nachblütenspritzung	Laub	
	1,5fach verdünnt	Herbstspritzung	Pflanze	
Farnkraut Jauche und Brühe	1kg frisches oder 100 g trockenes Material in 10 l Wasser als Jauche oder Brühe, unverdünnt	Winter Frühjahr Ganzjährig	Pflanze Pflanze Pflanze u. Boden	Gegen Schild-, Schmier- und Blutläuse
Löwenzahn Jauche, Brühe oder Tee	1,5 - 2 kg frisches oder 150 - 200 g getrocknetes Material in 10 l Wasser, unverdünnt	Frühjahr und Herbst	Pflanze und Boden	Wachstumsanregung, Qualitätsverbesserung, auch als Beigabe zum Kompost
Auch Zwiebelschalen, Kamille, Wermut u.v.a. können in ähnlicher Form verwendet werden				

Kräuterbrühen und -jauchen

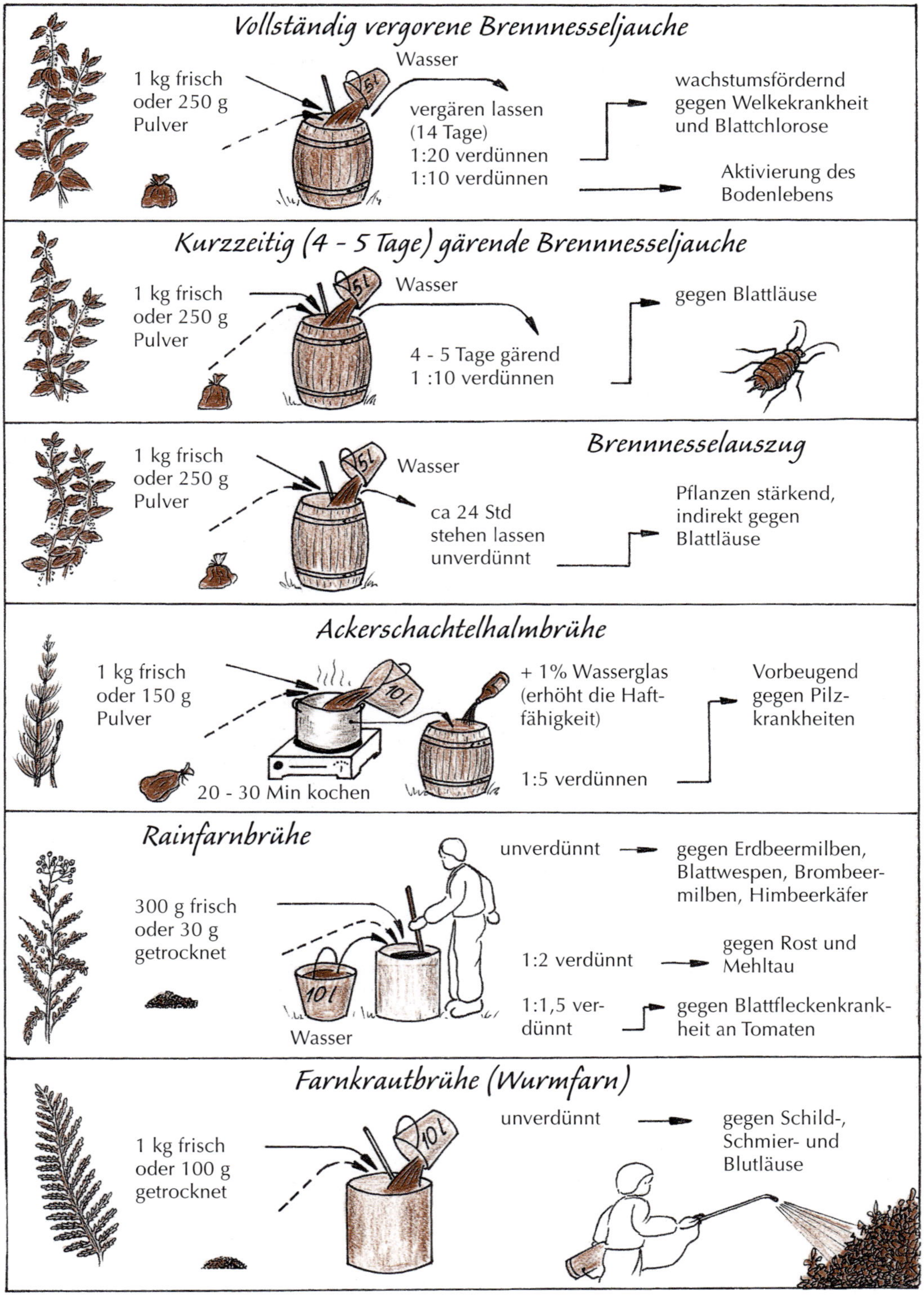

Kräuterbrühen und -jauchen

Meerrettichtee

300 g – Wasser (10 l)

unverdünnt → gegen Monilia

Rhabarbertee

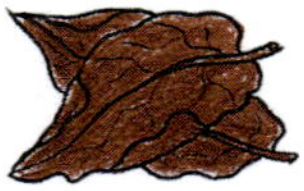

500 g frisch – Wasser (3 l)

unverdünnt → gegen Lauchmotte und Bohnenblattlaus

Knoblauch-Zwiebeltee

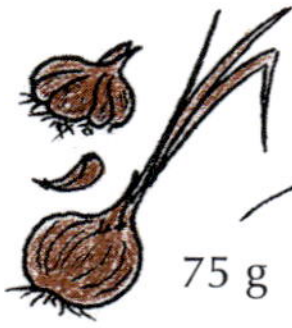

Knollen zerhackt – 75 g – (10 l)

Anfang Mai 3x im Abstand von 3 Tagen spritzen

unverdünnt → gegen Erdbeermilben, Milben, Pilzkrankheiten

Quassiabrühe

150 g → (2 l) Wasser – 20 Min kochen

Quassiaholz, in Drogerien erhältlich

→ (10 l) + 2 l Schachtelhalmtee + 250 g Schmierseife

unverdünnt → gegen Blattläuse und andere Insekten

Pilzbekämpfungsjauche

Zwiebel, Knoblauch, Sauerampfer, Blätter von Schwarzer Johannisbeere

Schalen und Blätter

500 g frisch oder 200 g getrocknet – Wasser (10 l)

1:10 verdünnt → wirkt kräftigend, gegen Pilzkrankheiten z.B. bei Erdbeere und Kartoffel

Tomatenauszug und -jauche

2 Handvoll – Wasser (2 l)

2 Std ziehen lassen

unverdünnt → über die Pflanze gegen den Kohlweißling

verjaucht – 1:10 verdünnt → wachstumsfördernd bei Tomaten

Wermutjauche

300 g frisch oder 30 g getrocknet – (10 l) Wasser

(evtl. 1% Wasserglas beimischen)

unverdünnt → gegen Ameisen, Raupen, Läuse, Säulchenrost an Johannisbeeren

Nichtpflanzliche schädlingsabwehrende Mittel

Kaliumpermanganat

3 g – 10 l – unverdünnt → desinfizierende Beize, pilzhemmend

Magermilch/Molke Spritzung

Molke 1 l – 1:1 – Wasser 1 l – unverdünnt → gegen Tomatenkrankheiten an Blättern und Früchten, 1x wöchentlich spritzen

Schwefelsaure Tonerde

200 g Pulver – Wasser 1 l auflösen – 9 l – vor Gebrauch mit Reisigbesen in Wasser einrühren → gegen Schildläuse und Weiße Fliege

Schmierseifen-Lösungen

150 - 300 g Schmierseife in heißem Wasser auflösen – 10 l – unverdünnt → ganzjährig gegen Blattläuse

40 g Schmierseife mit 1/8 l Petrol in heißem Wasser gut verrühren (milchige Farbe) – Wasser – 25 l – unverdünnt, vor Fruchtbildung → gegen Blattläuse, Schildläuse, Rote Spinne

100 - 300 g Schmierseife in heißem Wasser auflösen – 1/2 l denatur. Spiritus – 1 Eßl. Essig – 1 Eßl. Kalk – Wasser – 10 l – unverdünnt → gegen Raupen bei starkem Befall

Lehmanstrich

Kuhdung – einbröckeln – Lehm – Steinmehl – Schachtelhalm-Farnkrauttee – 24 Std stehen lassen – gut glatt rühren, unverdünnt, Frühjahrsanstrich für Stamm und Äste → heilt Wunden, macht gesunde Rinde, gegen Baumkrebs, steigert Fruchtbarkeit

Hersteller von Pflanzenstärkungs- und Düngemitteln

Hier können Sie die Adressen von Händlern in Ihrer Nähe erfahren oder direkt bestellen:

Snoek GmbH
Tannenweg 10
D-27356 Rotenburg/Wümme
Tel.: 04268-400, Fax: 04268-1313
www.snoek-naturprodukte.de

W. Neudorff GmbH KG
An der Mühle 3, D-31860 Emmerthal
Tel: 05155-624-0, Fax: 05155-6010
www.neudorff.de

Mr. Evergreen GmbH
Wilhelmsthal 4, D-34379 Calden
Tel.: 05674-9992-0, Fax: 05674-9992-33
www.mr-evergreen.de

Biofa GmbH
Rudolf-Diesel-Str. 2, D-72525 Münsingen
Tel.: 07381-93540, Fax.: 07381-9354-49
www.biofa-farming.com

Gebrüder Schätte KG
Postfach 63, D-88331 Bad Waldsee
Tel.: 07524-4015-0, Fax: 07524-4015-40
www.schaette.de

Oscorna-Dünger GmbH&Co
Postfach 4267; D-89032 Ulm
Tel.: 0731-946640, Fax: 0731-481291
www.oscorna.de

Österreich:
Bio-Furtner
Hauptstr. 5, A-3031 Rekawinkel
Tel.: +43-2233-57025
Fax: +43-2233-570254
www.biofurtner.com

Schweiz:
Andermatt Biocontrol AG
Stahlermatten 6; CH-6146 Grossdietwil
Tel.: +41-6291-75005,
Fax: +41-6291-75006,
www.biocontrol.ch

Bodenanalysen

Alle Landwirtschaftlichen Untersuchungs- und Forschungsanstalten (LUFA) führen Bodenanalysen durch.

Geschäftsstelle: VDLUFA
c/o Landwirtschaftskammer Rheinland
Postfach 300864
D-53188 Bonn
Tel.: 0228-4342511
Fax: 0228-4342474
www.vdlufa.de

Bodenuntersuchungsinstitut Koldingen GmbH,
Ehlbeek 2, 30938 Burgwedel
Tel.: 05139-99690, Fax. 05139-9969-35

Umweltanalysen Dr. Guse
Goethestr. 8; D-26316 Varel
Tel.: 0177-888-4678
und
Lungolago Motta 160, CH-6815 Melide
Tel.:+41(0)91-6493-466
Fax: +41(0)91-6493-826
www.umweltanalysen.ch

Biologisches Saatgut

Dreschflegel GbR
Postfach 1213, 37202 Witzenhausen
Tel: 05542-502744; Fax: 05542-502758
www.dreschflegel-saatgut.de

Demeter-Saatgut
Fa. Allerleirauh GmbH
Kronstr. 24; 61209 Echzell
Tel.: 06035-81216; Fax: 06035-81275
www.allerleirauh.com

Hild Samen
Kirchenweinbergstr. 115,
71672 Marbach/Neckar
Tel.: 07144-8473-11
Fax: 07144-8473-99
www.hildsamen.de

Karl Sperling GmbH
Postfach 2640; 21335 Lüneburg
Tel.: 04131-30170; Fax: 04131-301745

Magic Garden Seeds
Moritzstr. 1; 34127 Kassel
Fax: 05542-5014-38
www.magic-garden-seeds.de

Österreich:
ReinSaat Emmelmann GnbR
Am Hornerwald 69, A-3572 St. Leonhard
Tel.: +43-2987-2347
Fax: +43-2987-23474
www.reinsaat.com

Schweiz:
Samen Mauser
Industriestr. 24; CH-8404 Winterthur
Tel.: +41-5223-42525,
Fax: +41-5223-35746,
www.samen-mauser.ch

Literaturempfehlungen

A. Bruns und S. Bruns
Werkbuch Biogarten
ökobuch Verlag, Staufen, 2004

Heinz Erven
Mein Paradies
Selbstverlag, 1994

Abtei Fulda (Hrsg.)
Kompost - Gold im Biogarten. Abtei Fulda, 1990

Abtei Fulda (Hrsg.)
Damit Boden fruchtbare Erde bleibt
Abtei Fulda

Abtei Fulda (Hrsg.):
Gemüseanbau im Biogarten
Abtei Fulda

C. Graber und H. Suter
Schneckenbekämpfung ohne Gift
Kosmos-Verlag, Stuttgart, 1999

M.-L. Kreuter
Biologischer Pflanzenschutz
BLV Verlag, München, 2001

H. Wagner
Karotte liebt Tomate
Ludwig-Verlag, München, 2000

M. Langerhorst
Meine Mischkulturenpraxis
OLV Verlag, Xanten, 2003

A. Weber und K. Greiner
Hecken pflanzen und pflegen
Gräfe und Unzer, München, 1998

S. Bruns und J. Stammer
Was Großvater noch wußte
Kosmos-Verlag, Stuttgart, 2003

Stichwortverzeichnis

Weitere Bücher im ökobuch Verlag

Gottfried Haefele, Wolfgang Oed, Ludwig Sabel

Hauserneuerung

Instandsetzen - Renovieren - Modernisieren: eine Anleitung zur Selbsthilfe. Das Buch beschreibt ausführlich den behutsamen, handwerklich sachgerechten und umweltverträglichen Umgang mit alter Bausubstanz.
237 S., 200 Abb., 21 x 21 cm , 12. Aufl. 2012 28,90 €

Ingo Gabriel, Heinz Ladener, Hrsg.

Vom Altbau zum Niedrigenergie- und Passivhaus

Energietechnische Gebäudesanierung in der Praxis: Nachträgliche Wärmedämmung der Gebäudehülle, Fenstererneuerung, sowie Sanierung der Haustechnik einschließlich Lüftung, Heizung, Sanitär und Elektro. Jetzt mit EnEV 2009
262 S. m.v.z.T. farb. Abb., 21 x 21 cm, geb. 9. bearb. Aufl. 2010 29,90 €

Gernot Minke

Dächer begrünen – einfach und wirkungsvoll

Ratgeber für die Begrünung von Wohn- und Bürogebäuden, Garagen und Carports. Mit Konstruktionsdetails, Dachaufbauten, Begrünungssystemen, Kosten u. Selbstbauhinweisen. 94 S. m. v. Abb., 17 x 24 cm, 4. Aufl. 2010 12,95 €

Gernot Minke

Handbuch Lehmbau

Umfassendes Lehrbuch und Nachschlagewerk: Es zeigt Einsatzmöglichkeiten, Eigenschaften und Verarbeitungstechniken des Baustoffes Lehm. Mit Forschungsergebnissen u. Beschreibungen ausgeführter Lehmhäuser.
222 S. m.v. Abb., 21 x 28 cm, gebunden, 7. neu bearb. Aufl. 2009 38,00 €

Herbert und Astrid Gruber, Herberth Santler

Neues Bauen mit Stroh

Bauen mit großformatigen Quadern aus gepreßtem Stroh: gebaute Beispiele, erprobte Bauformen und Konstruktionen, Besonderheiten, neue Projekte und Forschungen.
3. überarbeitete Aufl. 2008, 112 S. m. v.Abb., 14,90 €

Gernot Minke, Benjamin Krick

Handbuch Strohballenbau

Ein Konstruktions-Handbuch, das Konzeption, Bautechnik und alle Details beschreibt, um aus Strohballen gut gedämmte, dauerhafte Häuser zu bauen. m.vielen Konstruktionsdetails und Beispielen. 2. Aufl. 2009, 142 S.m.v.farb. Abb. 28,90 €

Peter Himmelhuber

Terrassen und Decks aus Holz selbst gebaut

Planung, Baukonstruktionen und Ausführung von kleinen und größeren Holzdecks einschließlich Kostenüberlegungen. Viele Beispiele und Schritt-für-Schritt-Fotos vermitteln das nötige Wissen, um selbst ein schönes Holzdeck bauen zu können. 102 S. m.v. farb. Abb., 17 x 24cm 1. Aufl. 2011 14,95 €

Ingo Gabriel

Praxis Holzfassaden

Material, Planung, Ausführung. Das Buch zeigt nicht nur die gestalterischen Möglichkeiten moderner Holzfassaden, sodern stellt zahlreiche vorbildliche Beispiele und Detaillösungen mit Ecken, Sockel, Dach- und Fensteranschlüssen vor. Von Ingo Gabriel. 3. Aufl. 2011, 113 S.m.v.farb. Abb. 28,- €

Claudia Lorenz-Ladener (Hrsg.)

Trocknen und Dörren mit der Sonne

Bau & Betrieb von Solartrocknern.: Ein Buch für alle, die einen funktionstüchtigen Solartrockner kostengünstig selbst bauen möchten, um Obst, Gemüse und Kräuter natürlich und hochwertig haltbar zu machen. Außerdem: Praxis des Trocknens mit vielen Tipps aus langjähriger Erfahrung. 1. Aufl. 2010, 95 S., farbig, 17x24 cm, 13,95 €

Holger König, Peter Weissenfeld

Holzschutz ohne Gift

Holzschutz und Holzoberflächenbehandlung in der Praxis mit vielen Anleitungen und Rezepten für alle, die in Haus und Hof selbst zum Pinsel greifen. 15. Aufl. 2003, 172 S. m.v. Abb., 17 x 24 cm br. 15,90 €

Susie Vaugham

Einfach Korbflechten

mit Ruten und Zweigen aus dem Garten und vom Wegesrand. Hier wird gezeigt, wie mit einfachen Techniken das Flechten formschöner, farbiger Körbe leicht zu erlernen ist. 80 Seiten, farbig, 21 x 21 cm, gebunden 3. Aufl. 2010 13,90 €

Maggy Howarth

Kieselstein-Mosaik

Schöne Böden für Wege und Lieblingsplätze im Garten selbst gestalten. Exakte Anleitungen für einfache und fortgeschrittene Arbeiten mit Tips aus der Praxis. Viele Gestaltungsvorschläge geben Anregung für eigenes kreatives Schaffen.
118 S. m.vielen z.T. farb. Abb., 4. Aufl. 2011 20,90 €

Claudia Lorenz-Ladener, Hrsg.

Lauben und Hütten

Einfache Paradiese zum Selbstbauen. Bauanleitungen für schnell zu errichtende Behausungen (Tipi, Baumhaus, Kuppelbau, Hogan etc.), sowie für schöne Lauben für den Garten oder die freie Natur. 4. Aufl. 2009, 190 S. m.v.Abb., geb. 22,90 €

Jon Warnes

Mit Weiden bauen

Anleitungen für Zäune. Laubengänge, Wigwams, Sitzplätze und grüne Kuppeln. Pflanzen und Arbeiten mit lebendem Material, aus dem sich viele schöne, nützliche Dinge herstellen lassen. 6. Aufl. 2009, 60 S. m.v.farb. Abb., geb. 12,95 €

Daniel Mack

Möbel aus Wildholz

Wieviel Äste braucht ein Stuhl? Der Autor stellt moderne Wildholzmöbel vor und beschreibt genau, worauf es bei der Auswahl des Holzes ankommt, wie Wildholz bearbeitet u. zu Möbeln zusammengefügt wird. 168 S. m.v. Abb., 4. Aufl. 2007 25,90 €

Louis Espinassous

Hütten von Kindern selbst gebaut

Wie Kindern ihr eigenes kleines Reich erschaffen können, mit Baumaterialien, die fast alle draußen zu finden sind: Spielhäuschen, Kuppelbau, Schlupfwinkel, Beobachtungsversteck u.v.m.. Ab 8 Jahre. 58 S. m.v. Abb., 21x21 cm, geb., 2.A. 2011 13,95 €

Margit Rusch

Anders gärtnern

Permakultur-Elemente im Hausgarten. Kräuterspirale, Krater- bzw. Hochbeet, Kartoffelturm, Wurmfarm oder Erdgewächshaus, bei allem dient die Natur als Vorbild. Mit vielen Anleitungen für einen Hausgarten, in dem die Bereiche harmonisch zusammenwirken u. sich gegenseitig fördern. 3. Aufl. 2012, 94 S. m.v. Abb., 13,95 €

Marlies Ortner

Essbare Wildpflanzen aus dem Hausgarten

150 Arten: Obst, Kräuter, Gemüse. Wie eine dauerhafte Pflanzenlandschaft aus fruchttragenden Bäumen, Sträuchern, wilden Stauden sowie Kräutern und essbaren Bodendeckern geschaffen werden kann. Mit mehr als 70 Pflanzenporträts und Tipps zu deren Verwertung. 125 S. m.v.Abb., 1. Aufl. 2011 15,95 €

Annelore und Susanne Bruns

Werkbuch Biogarten

Anleitung zum handwerklichen Arbeiten in Bildern: Bau von Kompostbehältern u. Frühbeeten, Pflanzengerüsten, kleine Lagerkeller, Kräuterspiralen, Vogelnistkästen u.v.m. 112 S. m.vielen Abb., 17x24 cm, 2. Aufl. 2010 12,90 €

Susanne Bruns

Spiele für den Garten

Anleitungen für vergnügliche Spiele in und mit der Natur. Lustige und kurzweilige Lauf-, Wurf-, Wasser- Gedulds- und Geschicklichkeitsspiele mit exakten Bauanleitungen zur Herstellung der Spielgeräte. 124 S. m.v. Abb., 17x24 cm, 2004 12,90 €

Terre Vivante, Hrsg.

Natürlich konservieren

Die 250 besten Rezepte, um Gemüse und Obst möglichst naturbelassen haltbar zu machen und ein maximum an Vitaminen, Nährstoffen und Geschmack zu erhalten. 157 S. m.v.Abb., 4. Aufl. 2011 13,90 €

Claudia Lorenz-Ladener

Naturkeller

Grundlagen und praktische Anlagen für Planung und Bau von naturgekühlten Lagerräumen im Haus oder Freiland. 140 S. m.v.Abb., 11. Aufl. 2011 19,90 €

Karl-Heinz Böse

Regenwasser für Garten und Haus

Ein kompetenter Ratgeber für Planung und Bau von Regenwassersammelanlagen nach dem Stand der Technik: Bemessung, Genehmigung, Speichertanks, Pumpen, Rohrleitungen und Zubehör. 96 S. m. v. Abb., , 6. überarb. Aufl. 2011 12,95 €

Hans J.K. Flöel

Richtig Brennholz machen

Vom Fällen bis zum richtigen Feuern zeigt das Buch welche Holzarten, Arbeitstechniken und Werkzeuge am besten geeignet sind, um den Brennstoff für das Holzfeuer selbst auzubereiten. 77 S. m. vielen farb. Abb. 4. Aufl. 2012 10,95 €

Hans-P. Ebert. Thorsten Beimgraben

Heizen mit Holz

Umfassender Ratgeber über Holzeinkauf, Zurichten des Waldholzes, Lagerung und Trocknung, Anforderungen an Feuerstelle und Schornstein, verschiedene Ofentypen u. ihre Einsatzbereiche. 132 S. m.v.Abb., 14. verbess. Aufl. 2011 12,95 €

Thomas Holz

Holzpellet-Heizungen

Ein Ratgeber. Technik, Bauformen, Einsatzbereiche und Planung von Holzpelletheizungen, Genehmigung, Förderung. 3. verbess.Aufl. 2006, 94 S.m.v.Abb. 9,95 €

Preisstand: 1.5. 2012
Unsere Bücher erhalten Sie in allen Buchhandlungen!

ökobuch Verlag GmbH
Postfach 1126 79216 Staufen

✆ 07633-50613 · ✉ 50870 · Email: oekobuch@t-online.de · http://www. oekobuch.de